住宅形式与文化
House Form and Culture

阿莫斯·拉普卜特 | Amos Rapoport　著

杨舢　译

天津大学出版社
TIANJIN UNIVERSITY PRESS

本书系国家自然科学基金面上项目（51878327）
江苏高校优势学科建设工程（城乡规划学）相关研究成果

图书在版编目（CIP）数据

住宅形式与文化 ／ （美）阿莫斯•拉普卜特（Amos Rapoport） 著；
杨舢译. -- 天津：天津大学出版社，2020.1（2021.12重印）
书名原文：HOUSE FORM AND CULTURE

ISBN 978-7-5618-6533-0

Ⅰ. ①住… Ⅱ. ①阿… ②杨… Ⅲ. ①住宅－建筑形
式 －研究②住宅－居住文化－研究 Ⅳ. ①TU241

中国版本图书馆CIP数据核字（2019）第227126号

版权合同：天津市版权局著作权合同登记图字第02-2019-217号

Authorized translation from the English language edition, entitled HOUSE FORM AND CULTURE,
1E, ISBN:0-13-395673-3 by RAPOPORT, AMOS, published by Prentice- Hall,Inc. ,Copyright 1969
by Prentice-Hall,Inc.

住宅形式与文化 | ZHUZHAI XINGSHI YU WENHUA

出版发行　天津大学出版社
地　　址　天津市卫津路92号天津大学内（邮编：300072）
电　　话　发行部：022-27403647
网　　址　www.tjupress.com.cn
印　　刷　廊坊市瑞德印刷有限公司
经　　销　全国各地新华书店
开　　本　185mm×260mm
印　　张　13
字　　数　380千
版　　次　2020年1月第1版
印　　次　2021年12月第2次
定　　价　65.00元

"文化地理学基金系列丛书"总序

Foundations of Cultural Geography Series

这一系列丛书的总标题——文化地理学基金，贴切地说明了它的目的。我们关于人们占据和使用世界方式的知识储备海量又驳杂。如果从某一基本问题出发来展开研究，这些知识会变得更有意义。这一领域最重要的学者们对这一基本问题的原创研究构成了这一系列丛书。

丛书作者们汇报并评价了时代的思潮，他们的工作围绕下面问题展开：不同理念和实践组成的体系是如何广泛地影响人们再创造及利用自己的栖居环境？这些体系中的思想和习惯是如何传播和演化的？人类的成就事实上是如何改变环境的，并造成了哪些效果？

鉴于人类丰富的可用经验与广阔的选择幅度，探讨这些问题需以比较的方式进行，同时以历史的角度来研究这些问题，追溯、解释、评估人们在不同时代和场所的所作所为。并且从功能性角度展开研究，无论他们揭示了什么样的控制过程和关系，这些都会被涉及。

作者们多样的品位和横溢的才华引导着对问题的探索。有人把宗教视为影响和折射环境条件的观念体系来研究。有人评价信念和风俗在重塑动植物物种以服务人类目的时所发挥的作用。有人会思考人造物的使用与意义，比如地理环境中的城市和住宅；还有人研究不同农业系统中人与自然间微妙而复杂的关系。有作者将整个国家视为文化所塑造的环境；还有作者分析空间中信念和风俗的传播机制。所有作品都着眼于理解那些共同并且关键的问题。我们邀请读者积极参与到这场批判性思考中来，推动学术前进。

菲利普·劳伦斯·瓦格纳｜Philip Laurence Wagner

对文化人类学者来说，人类住宅拥有双重魅力。通常，它们不但促成了景观的独特品质，而且还是文化技能和规范、气候条件、自然材料潜质相互复杂影响的具体表达。拉普卜特教授是周游世界的建筑师，他在这本书中讨论了世界各国人民的住宅如何反映他们环境的物质条件、文化偏好和技能以及解决住宅设计基本问题的丰富方式。

菲利普·劳伦斯·瓦格纳

系列丛书书目：

前言

Preface

这本书是从环境设计师的视角，多年来关注原始的、风土房屋与聚落的研究成果。我首先感兴趣的是塑造这些住所并给予它们清晰可辨特性的影响力，还有当今对它们的借鉴。书中的一些想法曾在课堂上讨论过——据我所知，这应是该主题第一次被正式讲授——学生们的热情认可激励我更加进取，而他们的批评也帮助我厘清了一些理念。

从这一视角取得的科研成果还很少，因此这是一项探索性的研究。有关这个庞大的主题，没有一本书会是研究终点——事实上，这本书并不代表大量被人们普遍接受并分享的思想。相反，它只是我个人对人们组织和使用居住空间方式的解释。毫无疑问，其中很多结论仍需将来详细阐述或修订。

我关注的不是独一无二的案例或多样性的样本，本书也不去尝试涵盖那些零散的文献和有关特定场所与主题的大批书目。我主要的兴趣点在于普遍的特征，事实上我也必须这样做，因为本书篇幅有限而这一主题又非常庞大——它囊括了人类开始建造活动以来所建造的大部分东西。如此巨大的时间和空间分布使人陷入太多细节的危险时时存在。

这本书试图通过提出一个概念框架来观察住宅类型与形式的多样性以及影响它们的影响力，此框架努力为这一复杂领域带来一些条理，以便更好地理解住所形式的决定因素。

这一主题融合了多门学科——建筑学、文化地理学、历史学、城市规划、人类学、民族志以及跨文化研究，甚至包括行为科学。因此，它必然属于跨学科的研究，必然要求多个领域观察家的参与并体现诸多领域的知识贡献。我关注的是一个全新的领域，因为我把重心放在了**房屋**（buildings）与它们的创造上；不仅如此，有关住所和聚落的话题和上述研究领域虽有关联，却要么被忽视要么被视为次要。比如说，当人类学文献提到住所和聚落时，是**描述性的**（descriptive）而非**分析性的**（analytical）；文化地理学很重视住所，但要么将之当作判断工具使用，要么聚焦于形态学的分类。

在努力研究住宅形式方方面面的同时，本书写给所有关注人居研究的人们。

阿莫斯·拉普卜特

目录

Contents

第一章　研究领域的性质与界定

Chapter 1　The Nature and Definition of the Field

　　传统的建筑理论与建筑历史关注于纪念物的研究。它们看重天才之作以及与众不同的罕见作品。虽然这也有几分道理，但我们常常忘却了任何特定时期的设计师作品（更不用说天才设计师的作品）只代表着小部分的建造活动，而且常常是那些不足称道的部分。人类的物质环境，尤其是建成环境，无论过去还是现在都不受设计师控制。这种环境是风土（vernacular）或民间（folk）、大众（popular）建筑的结果，很大程度上它在建筑理论与建筑历史中已湮没无闻。然而它曾经是雅典卫城，是玛雅的城市，是紧邻埃及神庙、陵墓以及围绕哥特教堂的城镇——就像它也可以是希腊或南太平洋的偏远村庄或岛屿。此外，必须在与风土母体关联的背景下领会高雅的房屋，若跳出这个背景实际上是无法理解它们的，尤其是当高雅的（high-style）房屋的设计与建造同风土母体同处一个时代时。

　　尽管住宅作为最典型的风土房屋类型在考古学中仍遭忽视，但一段时期以来考古研究的兴趣焦点从神庙、宫殿、陵墓转变到体现文化和生活方式的城市整体。某种程度上，类似的转变也出现在通史、艺术史、音乐史的研究中。然而，在建筑学方面这样的关注还只是刚刚开端，既无太多进展，也未超出纯粹视觉的范畴。因此这仍是一个相当不受重视的主题。

　　然而实际上这些品质卓越的房屋能够（那些忽略建成环境主体的态度视之为毫不起眼的泥屋草舍）告知我们很多事物。从这种态度中产生出两种标准——一种适用于"重要的"（important）房屋，尤其是针对过去的重要房屋；另一种适用于"不重要的"（unimportant）房屋及其构成环境。这一方式意味着建筑只存在于纪念物之中，并暗示着无论是过去的还是现在的杰作，其评价方式有别于自用住宅或农民住宅的评判方式；对皇家广场及其街道的评判方式与对人们自住街道的评判方式也有所不同。然而我们必须观察整体环境以便理解它。在这个意义上，我们必须研究建成形式的历史。假如只关注最少数的作品，那么这部分就显得过分重要。假如只是孤立地看待它们，就无法理解它们与风土母体之间微妙而复杂的联系。它们和风土母体一起组成了整体的空间和等级体系。忽视构成环境的风土房屋，产生的效应使环境变得微不足道，其结果是物质环境备受冷落并持续恶化。

　　那么民间建筑意味着什么？**原始性**（primitive）和**风土性**（vernacular）两个术语应用到房屋形式上又意味着什么呢？

　　首先可以区分属于宏大设计传统的房屋和属于民间传统的房屋 [1]。

　　可以认为，建造纪念物（属于宏大设计传统的房屋）要么让普通民众对赞助者的权力留下深刻印象，要么让同行和鉴赏者对设计师的聪明才智、赞助者的良好品位留下深刻印象。另一方面，民间传统直接而且无自我意识地把文化、需求和价值，乃至人们的欲望、梦想和激情转化成物质形态。民间传统是世界观的缩影，是人们用房屋和聚落表达的"理想"环境，设计师、建筑师、艺术家的私心不会掺杂其中（在多大程度上设计师是真正的形式**赋予者**（giver）——仍然是个悬而未决的问题）。和代表精英文化的宏大设计传统相比，民间传统和多数人的文化、真正具有活力的生活关系更密切。民间传统也代表建成环境的主要部分 [2]。

　　我们可以在这种民间传统中区分出原始房屋和风土房屋。后者包括前工业风土（preindustrial vernacular）和现代风土（modern vernacular）。当今的设计，同时也是宏伟设计传统的一部分，其特点是高度制度化与专业化。

原始性比风土性更容易定义。风土性和无名性（anonymous）都不是甄别这种建筑形式的适合术语。法语的平民建筑（architecture populaire）也许最合适 [3]。

简而言之，原始房屋是指人类学家所定义的原始社会产生的房屋。这种原始性大部分时候是指技术及经济的特定发展水平，也指社会组织的方方面面 [4]。虽然这种文化中产生的住宅，以我们的技术（technological）标准乍看起来显得初级，但事实上是人们将其（和我们相差无几的）聪明才智和资源运用到极致而建造出来。因此"原始性"这个词不是指建造者的意图或能力，而是指他们所处的社会。这当然是一个相对的术语，毫无疑问，对于未来社会而言我们必定显得很原始。

罗伯特·雷德费尔德（Robert Redfield）指出，在原始社会中，谁都拥有所有事物的广泛知识，部落生活的每一方面是每个人的事务 [5]。那里没什么技术语汇，除去年龄和性别，只有在宗教方面偶尔有一些专业知识。当然这和雷德费尔德把原始性定义成前文字状态（preliterate）有关 [6]。而就建造而言，这就相当于每个人都能建造他自己的住所——他们也确实常常这样做。几乎没有行业的分化，普通家庭拥有所有可用的技术知识。群体的任何成员都可以建造群体所需的房屋，尽管大多数情况下，不管出于社会的还是技术的缘由，这都是在更大群体内通过合作完成的 [7]。

既然群体内的普通成员建造自己的房屋，他们完全了解自己的需要和要求；出现问题只会影响他们个人，并由他们自己来处理。当然，能做什么、不能做什么的方式都已预先设定。因为这样的社会往往是以传统为导向的，特定的形式被认为是理所当然的，它们强烈抵制变化。这也就解释了形式与它们所根植文化之间的密切关系，同时也解释了这样一些形式为什么能持续很长时间的事实。伴随这种持续性，模式会被加以调适，直到最终满足大部分文化、物质和维护的需求。这种模式完全统一，所有的住宅在原始社会基本都一样。

如前所述，很难恰当定义风土。目前最有效的方式是根据过程来描述它——它是怎么被"设计"与建造的。

当大多数住宅的建造都有造房工匠参与时，我们可以武断地说，原始房屋已经让位于**前工业风土房屋**[8]。但即便在这种情况下，社会每个成员也都了解各种房屋类型，甚至知道如何建造它们，工匠知识的专业性只是程度问题。农民业主仍然是设计过程的主要**参与者**（participant），而不只是**消费者**（consumer）；这种情况更适用于前工业文化的城镇居民而不是今天的城镇居民，因为参与度往往会随着城市化及更强的专业化而降低。虽然一开始工匠只是业余的，而且身份仍然是农民，但使用工匠的转变过程标志着行业逐渐专业化过程的开始。同原始环境一样，这两种建造房屋的方法实际上可以共存。在前工业风土房屋中，仍然存在被共同接受的**形式**（form），这就为观察"设计过程"获得风土定义给出了一个途径。

风土设计的设计过程是模式调适或变异的过程，风土房屋中个体的可变性与分化比原始房屋要多。被调整的是**个体案例**（individual specimens）而非**类型**（type）。当工匠为农民盖农舍，他们彼此知道所说的类型、形态、模式，甚至还有材料。尚未解决的是具体的家庭需求（即便和今天相比，这些情况也少有变化）、规模（取决于财富多少）以及与场地和微气候的关系[9]。因为工匠和农民针对想要什么达成了一致，随着事情进展他们不断调节并改造模式；这一点不管对于丹麦农民，还是法国和前南斯拉夫的农民都一样。我看过一本前南斯拉夫著述贴切地描写了这一过程，它描绘了伊斯兰统治时期萨拉热窝一幢住宅的"设计"：

有一天，邻近花园的房主带着个木匠来到现场，告诉他想建个房子。他们停在一处缓坡上。看树木、地面、环境，还有河谷中的镇子，然后木匠从自己的宽腰带中取出些钉子，步测了距离，用钉子标注好位置。注意，这里没有要建**什么类型**（what type）房子的问题——有不言而喻、广泛接受的模式存在。因此，他开始着手于**主要**（main）任务。他问房主哪些树木可以砍掉，就又把钉子挪动了几英尺，点点头，似乎很满意。他发现新房子不会阻挡邻近房子的视线……[接下来，他开始考察光线、太阳和水等因素][10]

这里当然有我所提及的模式调适。人们首先从最简单的轮廓和主要特征开始，随后添加细节并精细制作，过程中再不断进行调适。轮廓起初存在于人们的头脑中，实施时会涉及适于每栋房屋的原则；形式则根据已知的问题和可用的工具来调适，不受**有意识的**（conscious）美学追求和风格趣味的影响。这些房屋植根的理念是，应尽可能地以简洁明了、不张扬和直接的方式完成常规任务。这只会出现在受传统约束的社会。在这种社会中，既有的共同遗产和价值等级体系组成的框架中会出现少量的变化，这一框架由房屋类型体现出来[11]。

波斯尼亚人的叙述总结了我所理解的风土房屋特性：没有理论或美学的标榜；**面对**（with）场地和微气候的问题时，尊重他人及**其**（their）住宅，进而尊重整体环境，无论这一整体环境是人造的还是自然的；用习惯语汇解决已有秩序下的变化问题。一种框架中存在很多个体变化，这些变化可用多种方式改造完成。尽管一种风土模式的表现形式相对有限，但它同时适应多种不同的情况，每种情况下创造出一种**场所**（place）。当然，恰恰因为这种有限的表现才使得各种各样的交流成为可能。为了交流，人们就要准备学习并使用这种语言——其中包括对权威、信任和共享语汇的接受。

风土房屋的另一特性是其附加品质及其非专业化的、开放的特质，这迥异于大多数高雅设计所特有的封闭和终结式的形式。正是这种附加属性让风土房屋能够容纳变化和扩建，而这种变化会在视觉上与概念上毁掉高雅的设计。风土房屋的重要特征是要素间关系的重要性和意义以及实现这些关系的方式，而非要素自身的性质。但这把我们导向城市设计领域，它属于另一本书的主题。

模式本身是许多人历经很多代的合作结果，也是房屋及其他人造物（artifact）的制造者和使用者合作的结果，这正是**"传统"**（traditional）这一术语的含义。既然模式知识是大家共享的，绘图和设计师也就没有存在的必要了。一栋房子应该和这一区域所有建造精良的房屋一样，构造简单、清晰且易于掌握，这些规则每个人都知晓，邀请工匠参与，只是因为他掌握更多此类规则的**细节**（detailed）知识。规模、样式、与场地的关系及其他变化因素都可通过讨论来确定，如有必要，会被记录在书面合同中。并非每栋房子都会特意追求美学品质——它是传统的而且经过很多代的传递。传统拥有经集体同意而生效的法律力量。尊重传统带来了集体管控，形同纪律，它因此获得接受和遵守。这种方式能够发挥作用，因为存在共同的生活意象、被认可的房屋模式、少量的房屋类型，最终被承认的**等级体系**（hierarchy）与由此而形成的被认可的聚落模式。只要传统是鲜活的，广泛共享与认可的意象就会发挥作用；当传统逝去，图像就会变化。如果没有传统，就不会再倚重被认可的规范，而制度化过程随即开启。就像美国的谷仓和住宅、日本的住宅，模式手册的引入是制度化过程的第一步。很明显，在我们的文化中，能发挥调节作用的传统因为多种原因已经消失。

第一个原因是房屋的类型数量众多，大多数过于复杂无法再用传统方式建造。这种专业化和分化的升级既出现在房屋内部的空间上，也出现在涉及设计和建造的各种行业和职业领域。

第二个原因是普遍共享的价值系统与世界观的消失，其结果是被认可的共享等级体系的消失，因此设计者与公众共享目标的普遍消失。这导致合作精神的缺失，而这种合作精神让人们尊重邻居的权利及其房屋，并最终对作为整体的聚落权利的尊重。缺乏合作导致其他控制手段的引入（超出模式手册的范围），例如规范、条例、有关界面协调及建筑退界的区划规则。工业革命前的城镇也存在过这样的控制手段。例如，在西班牙治下的拉丁美洲，印第安人的法则预先规定了遮阴的狭窄街道、统一的立面、向风面；而北京则有控制色彩等级的规则。这些规则通常不会像自发地对公共舆论进行控制那样有效。传统和现代社会的区别可根据对前者的非正式管控、情感和共识同后者的非人格化、相互依赖的专业分工的对比来理解[12]。这似乎对应着雷德费尔德的技术秩序取代了道德秩序的说法[13]。这些概念常常被应用于解释社会机制和城市，对于理解风土房屋和聚落的创造过程也很有帮助。

使有调节能力传统消失的第三个原因是我们的文化过于重视**原创性**（originality）的事实，常常变成为了原创而原创。其结果是社会不满足于传统形式，而风土过程又不再发挥作用。这种不满足通常是基于非功能上的考虑，与社会—文化因素相关。最传统的文化不仅不会追逐新意，还常常视其为不可取的。

这本书顺带关注了现代风土以及它到底是否真正存在的问题。本书对建筑师设计的房屋不感兴趣。尽管如此，为了完善风土的定义，为了澄清我们所关注的领域，仍需用它们作些参照。此刻撇开风土建筑能否展开现代交流并拥有自我意识这类问题，我认为，**存在**（is）现代的民间习惯语汇，而且这首先是一种**类型**，尽管不那么绝对。从新类型来看——汽车旅馆、路边餐馆和所有免下车的服务类型——现今大多数美国民间建筑起源于设计职业领域之外，而且看上去是从"下面"冒出来的。其形式本身是时下流行并被普遍使用的；它们通过各类新媒体、电影和旅行广泛传播，这种传播使传统方式的创造形式不太可能实现。我已说过，这些房屋的关系已不再受传统风土典型的非正式模式控制了。作为风土风格的一部分——热狗快餐店（Doggie Dinners）、甜甜圈店等——这些形式都是**为**（for）大众品位设计，而非**由**（by）大众品位决定，但比起那些设计亚文化（design subculture），它们和大众住宅一起更清晰地展现出某些共同拥有的价值。

最终我们发现，因为这些已被列举的原因——更复杂的而且更专业化的问题，房屋和聚落设计逐渐成为职业设计师分内的事情。我们发现，建成形式的产生方式实际上出现了两次变化。

1. 原始的。房屋类型非常少，一个模式中的个体变化很少，**所有人均可参与建造**（built by all）。

2. 前工业风土的。尽管仍然有限，但房屋类型增多了，一种模式下的个体变化更多，**由工匠建造**（built by tradesmen）。

3. 高雅的和现代的。有许多专门的建筑类型，每个房屋都是一种原创（尽管这种情况可能正在变化），**由专业人士团队设计并建造**（designed and built by teams of specialists）。

很明显，这些变化涉及房屋和空间的类型、建造过程及所涵盖行业的分化过程。

这一演化轨迹同时也出现在其他领域，如纺织、工具、陶器。比如，后一类情形中，一开始是个体家庭制作自己的器皿，接着是陶匠来完成这项工作，最后演变成制陶艺术家，或服务

7

于陶器规模生产的专业设计师。按照这一分化过程，从原始性到风土性再到工业化风土和现代形式的变化就可以很好理解了。

分化与证据的性质 | Differentiation and the Nature of the Evidence

房屋的形式与建造缺乏分化是原始社会乃至农业社会特有的普遍缺乏分化现象的表现。这方面的因素影响了房屋类型，因而也影响了我们需要考量的证据类型。

几乎所有的观察者都对原始社会和农业社会在空间使用和劳动上普遍缺乏分化的典型现象发表过意见，这种状态同时渗透到生活和思维的其他邻域 [14]。人们在生活、劳作、宗教之间没有分化，如果有，也只是神圣与世俗间很小的区别。宗教与社会生活和需求之间的联系非常密切，几乎无法分离。卡尔·古斯塔夫·荣格（Carl Gustav Jung）曾经评论过原始世界中人和动物没有明确的边界 [15]，西格弗里德·基迪恩（Siegfried Giedion）也评价过这一点，他强调当时人和自然普遍缺乏区分，洞穴艺术也无方向的区分。人变得比动物更重要——被他看成是第一个高级文明的出现。这一时期，垂直成为偏好方向 [16][译注 1]。吉迪恩的假设获得了一些当代"石器"文明证据的支持。比如，因纽特人没有概念上的区分，艺术上没有偏爱的方向，这些证实了垂直维度是后来才出现的事情 [17]。马克斯·索尔（Max Sorre）的"**生活模式**"（*Genre de vie*）概念既包含许多精神要素，也包含了物质要素和社会要素，因为这是一个没有区分巫术和工作、宗教和世俗的统一体。一般而言，这种情况同样适用于工作，它们没有分化，或者如我们所说，是非专业化的。因此，这种情况也适用于空间的利用方式。当空间被分割与区分时，空间类型的数量在增加。比如，人和动物同处一个房间，情况却各不相同，在卡比利亚（Kabylie，阿尔及利亚北部多山的沿海地区），他们虽同处一个屋顶下但有不同的空间；在瑞士，他们完全分离但距离很近；在法国的农舍中，二者最终被完全分开。同样的情况也适用于有多种用途住宅空间的区分。

比如说，在日本的农舍中，起居、马厩、蚕房出现在同一空间中；村庄住宅和市镇住宅同样可用于起居、商铺、工坊，而且住宅内部的房间没有区分，这和我们的空间使用方式、工作与起居分开的方式截然不同。

中世纪住宅在以下三个方面出现了区分。最初，工作和居住多少有点差别，商店和住宅有不同的出入口；第一层楼面是学徒和工人的休息区，它们与家庭成员的休息和起居分开，后者出现在第二层楼面的一个大房间里；最终，家庭区域中起居和睡眠的房间被分开[18]。

土耳其和前南斯拉夫那些复杂而且高度分化的穆斯林住宅，其房间甚至在一天的不同时段有不同的用途[19]，其农业文化仍然展现出把家庭和经济单元合并在一个场所的倾向。随着文明越来越复杂，房屋类型和城市空间出现更大的分化，用途的分离也在今天极端的区划实践中登峰造极。

空间的多重使用强烈影响着住宅和聚落的形式，这意味着，此书中我们要考虑的证据只由极少的房屋类型构成。住宅内部很少有区分，所以大多数活动在房屋里或其邻近的周边发生，除去住宅，属于原始文化其他类型的房屋只会是一些神庙、酋长住宅、谷仓（常常和住宅相连）以及仓库，它们都很神圣。甚至在前工业文化中，不管是城市还是乡村，大量的风土房屋是由这些无差别的住宅组成的。这一研究聚焦于住宅，是因为住宅清晰地展现出形式和生活方式间的联系。非住宅很少被看成风土房屋形式，但有些宗教房屋属于这一范畴[20]，就像车间、磨坊及其他属于工业考古新领域的房屋也能算入风土房屋范畴。和住宅相比，大部分非家居的形式往往以设计为导向，而且更多受到高雅文化的影响。这些高雅文化与前工业文化、农民文化共存。最终，住宅提供了将住宅、聚落、景观、纪念性房屋组成的整体系统和生活方式关联起来的最好方式。

除少数例外，几乎所有文化都存在具有重大宗教和社会意义的房屋，而且常常是一个房屋同时带有两种重要意义。比起普通居所，这些房屋拥有更多象征价值和内容[21]。这种情况一般会通过巨大的尺度、更精致的装饰和建造方式展现出来，但也可以通过更小的规模加以区

别 [22]；无论如何，它们都是**与众不同的**（different）。比起住宅，这些文化上的纪念式房屋往往有更多的象征意义——但正如我要证明的，后者其实能代表的东西比通常设想的要多。

如果比较新几内亚的塞皮克河（the Sepik River）域的"睡袋"（sleeping bag）和装饰精美的议事厅（Tambaran），这种差别就更明显。睡袋是由一系列仅容一人钻进去的圆箍网兜构成，而议事厅则高达 60 英尺（约 18 米），长达 135 英尺（约 41 米）——它同时也是男人的居所和祭拜场地，禁止女性入内。这种巨大集会房屋和小住所的对比一般是此区域所特有的，我将在后文详细讨论。在所罗门群岛（the Solomons）和美拉尼西亚（Melanesia），事实上酋长的住宅和独木舟屋（the canoe houses）、所有公共房屋都比住宅精美；而在塔西提岛（Tahiti），神庙常用石头而住宅一直用木头建造。印第安城镇的神庙、欧洲和美国的新教教堂和天主教教堂都和它周边的住宅有很大差别。

任何情感和宗教上的盈余以及在紧缺社会极为有限的**物质**（material）盈余，都会保留给这些特殊的房屋类型，随后总会出现一个等级体系。盈余留置给神庙、家族祖宅、酋长住宅、仪式物的容器这些文化纪念物。因而，原始人建造住宅时一般会到达其文化中的技术上限，但会低于其他房屋以及武器、服装或其他工艺品展现的审美上限 [23]。然而，这并非普遍情况，精美装饰的非洲住宅就是一个明显的例外。

有一点需要作些限定性说明。许多社会的住宅形式的分化会展现出以这一社会的阶层分化为基础的特点，不管阶层的划分标准是军事技能、财富，还是年龄。在非洲的一些地方，合院（compound）可能更大，仆人、妻妾、牲口会更多；在东南亚，住宅装饰会更精良；非洲颇尔族人（the Peul，分布在西非一些国家的黑人部族）的屋顶可能会有更多的草束。而在夸扣特尔人（the Kwakiutl，生活在今加拿大太平洋西北沿岸的印第安原住民）中，敌人的骷髅和头皮被当作象征来展示，或通过仆人的规模和数量、柱子雕镂的精细程度表达所有者的财富和威望。在尼日尔、蒙古或其他地方，这样的装饰常常集中在支撑物和门上，而且是住宅最富有装饰性的一部分，它们可以是象征性的；这种象征系统后来会逐渐变得清晰。然而，不同于今天或 18、19 世纪的丰富多样性，原始文化和前工业文化的基本住宅类型没有改变，在大多数这样的原始文化和前工业文化中，分化只是程度的问题。

研究缘由 | Reasons for Study

一般而言，如果我们将历史看作对过往证据的适当关注，我们研究的只是建成环境史的一个方面。人文地理总是和历史，甚至史前史有关系。过去，历史在建筑研究中也扮演着重要角色。既然在过去几十年中，建筑史，尤其是在美国，已相当不受重视，那么我们可能要问，在当前这个强调快速变化的时代，为什么必须研究建筑史。

所有历史方法都隐含这样的假设：人们可以向过去学习；对过去的研究有哲学价值，使我们意识到事物的复杂和重叠。它能阐明那些恒常和变化的要素。"我们需要丰富的时间维度，来摆脱生活在当下的那些司空见惯的琐碎，以此作为彻底冲向未来的序曲"[24]。因此，我们不能假装可以和过去发生的一切突然决裂，或是假装我们和我们的问题与过去完全不同，过去不能带给我们什么教益。尽管技术会进步，但建筑不见得必然会进步。

和所有人为努力一样，房子受制于变化多端又常常矛盾冲突的推力。我们喜好构建简单又井井有条的示意图解、模型、分类，但它们受到这些推力的干扰。人类及其历史的复杂性不能被简洁的公式所涵盖，尽管这么做的欲望是我们这个时代的特色。这种简单模型似乎应该被修正，以保持住所、聚落、文化、人类成就的延续性及其相互关系的矛盾感和复杂感，而不是去消除这些矛盾，使之顺从于所谓的**普罗克路斯忒斯之床综合征**（Procrustes' bed syndrome）[译注2]。

问题仍然存在于我所定义的具体题目中——为什么在变化如此迅捷的空间时代，还要研究原始性和前工业住宅？一个缘由是，这些住宅既是变化的价值、形象、感知、生活方式的**直接**（direct）表现，也是特定恒常性的**直接**表达，是容易出成果的研究课题。这一联系的另一个重要层面在于跨文化研究和比较的需要。这些跨文化研究和比较会在两个方面很有用。首先，从实践的角度来看，不同的文化和亚文化共存于我们的城市，随之而来的是不同的居住和聚落模式需求，他们对发展中国家更适用（见第六章）。第二，在更普遍意义上，对比这种原始性和前工业住宅能让人洞悉庇护所和"住所"的本质、设计过程的本质及"基本需求"的含义。

但会更进一步需求跨文化的比较。为了理解文化及它们和住宅形式间的关系，我们需要"和各种各样的人产生智性的接触，不管他们多么原始，多么古老，或者看上去多不起眼。"[25]这一类研究的价值在于它提供了大范围的不同文化变量以及更大的极限值——因此也提供了更广泛意义上可能的选择范围。

鲁斯·本尼迪克（Ruth Benedict）指出，所有的文化都对它们的文化制度做出了选择，而"从他人的观点来看，每一种（文化）都忽视基础的东西而探讨些无关紧要的东西。"她提到了诸如金钱价值这样的社会因素，它可能被忽视也可能被认为是本质的；而技术可以很强大或"被令人难以置信地轻慢，虽然即使从生活层面来看，技术对于维持生存是必不可少的"。有些文化可能很重视青春期，有些重视死亡，而有些则重视来生[26]。

类似选择也出现在住宅及其设计的内在目标。因此，观察其他文化时，我们须在时间和空间上拉开距离。这种考察证明，被认为是建筑主要特点的新意，实际对于大部分原始的和风土房屋**并不典型**（atypical），而只是最近冒出来的文化上的关联现象。为了避免出现失真的看法，只有通过对比更早期风土房屋才能理解这些状况。

如果继续沿用当下无法理解这一主题的方式，我们也无法在单一文化背景下理解它。通过观察其他行为处事的方式，我们就知道还**存在**（are）其他模式，而我们的模式是特殊的而非必然的，我们的价值既非唯一的也非标准的。其他观察方法还帮助我们发现自己的不同之处。这种类型间的比较也让我们意识到恒常和变化的问题。从建筑，或者从环境理论的观点来看，也恰恰是这种比较研究提供了最大的可能性。如果连同行为学、生态学等学科最近的研究一起考虑，这些证据可以很好地引导我们了解环境的社会和心理两方面因素。

比较的尺度非常关键。比如，通常人们认为现代文化彼此间差别不大[27]。然而，如果我们观察住宅或房屋的尺度及其使用方式，就会发现表面上相同的现代工业文化相互间差异巨大[28]。就目的而言，我们必须观察微观尺度的事物，建立在太过粗糙尺度上的一般化结论可能不正确或有误导（这一点可从后面有关建筑材料的讨论中看到）。尽管如此，现代文化确实很相似，因此，这也给了原始文化和前工业文化研究充分的理由。这些文化会展现出不同的行为处事方式、不同的看待世界的方式、不同的价值系统——其结果是各不相同的住宅和聚落形态。此外，差别广泛的各种文化中反复出现的特定恒量也有相当的重要性。

原始房屋和前工业房屋在表现人们的需求和欲望、文化和物质环境的要求时很坦率，没有设计者强烈的艺术上自我意识的干扰。我已经指出，这种坦率正是研究的价值。假如我们视房屋为下列因素交互影响的结果：

人（Man）

——他的天性、抱负、社会组织、世界观、生活方式、社会与精神需求、个体和群体需求、经济资源、对待自然的态度、个性、时尚

——他的物质需求，也就是"功能性的"规划

——可使用的技术

自然（Nature）

——物质方面，比如天气、场地、材料、结构规则，等等

——视觉方面，比如景观

那么人的影响，特别是其个性所带来的影响，在原始房屋和风土房屋中并没有在我们文化中那么强。如果确实存在这样的影响，它不会是个别的或个人的，而是群体的，并且局限在这一群体中。这种类型的房屋往往维持着与自然的平衡，不会去支配自然。在研究建成环境与人和自然关系的课题中，这种平衡进一步强化了原始房屋和风土房屋相对于宏大设计传统的优越性。

最终，由于原始房屋和前工业风土房屋的物质限制非常强，而且情况往往很极端，我们能更清楚地考察出不同的变量给形式创造带来的影响。在当代情势中或宏伟设计传统下，情况就不是这样的，物质限制很少（在我们的环境中几乎没有），而且情况往往变得含混模糊。由此，对原始房屋和前工业房屋的研究让我们能更好地判断物质和文化的力量作为形式决定因子的相对重要性。甚至现代风土房屋都能告诉我们很多如果只关注宏大设计传统就会丢失掉的东西。这些内容会在第六章中有所体现。

研究方法 | Method of Study

假如认可前面所给出的定义和描述，那么决定原始房屋和风土房屋发展的是技术水准和生活方式，而非年代序列。只要存在可被视为原始的或前工业的社会，我们就可以预期发现对应的房屋；这种社会从黯淡的过去一直延续到今天。这样的房屋其传统本质隐含着缺乏变化这一主要特征。今天可举出许多原始的和风土房屋的例子。新石器时代常见的茅屋仍然可在斐济、新几内亚、南非或其他一些地方看到。欧洲新石器时期架在桩上的湖中木屋似乎和新几内亚、南非，甚至和我曾在新加坡周边看到的一些房屋一样。院落住宅则普遍很少变化，而那些今天还使用的院落住宅与耶利哥（Jericho，在今以色列约旦河西岸，耶路撒冷以北的古城，《圣经》中称之为"耶利哥"）、卡塔胡由克（Çatal Hüyük，在今土耳其，安纳托利亚南部新石器时代的人类定居点遗址）或乌尔（Ur，苏美尔文明古城，遗址在今天伊拉克巴格达以南）的一些早期房屋差别不大。事实上，乌尔的街道和今天中东地区许多城镇的街道没什么区别。印度中部托达（Toda）的茅屋看上去就像法国西南冯特·德·高姆（Font de Gaume）洞穴壁上画的那些房屋，而土耳其哈吉拉（Hacilar）遗址出土的泥砖房屋可追溯到公元前 5200 年，很像我最近在伊朗看到的一些房子。意大利的特鲁利（Trulli）和非洲一些国家及秘鲁的蜂巢式住宅很像塞浦路斯的早期蜂巢式茅屋；尤卡坦（Yucatán，中美洲北部、墨西哥东南部的半岛）的玛雅住宅看上去和当今图纸中描绘的一样，而有些秘鲁的房屋和前哥伦布时期的房屋一模一样（比如马丘比丘（Macchu Picchu）的房屋）。在所有这些实例中，一个被认可的模样，加上少许重要创新，就会产生出非常强大的形式持续性[29]。

原始房屋和风土房屋与同一地区的高级文明及同一时期的现代技术共存。当建造埃及的金字塔、神庙、宫殿，伊朗的宫殿和希腊的神庙时，大部分人们仍生活在风土住宅中；即使现在有了喷气式飞机和火箭，大部分人也一样生活在风土住宅中。原始社会和农业社会很少质疑传统的东西，尽管传统也在变化之中。

这些房屋的地理分布取决于它们相应的文化。原始房屋和风土房屋存在于人类生活的各个地方、各个时段。不同区域房屋类型的差异证明了存在于文化、仪式、生活方式、社会组织、气候和景观以及可用材料和技术中的差异，而其相似性不仅证明在这些区域中这些因素的一些或所有的一致性，同时也证明了人类的需求和欲望中存在着一些基本的常量。

研究房屋有不同的方式。可以根据时间序列来观察它们，追踪技术、形式、理念所经历的时间变化，或是追踪设计者思维的历时变化，也可以根据具体的观点来研究它们。对于我们这种情况，后者是最实用的方法。就像我们看到的，原始房屋和风土房屋的特征是缺乏变化，这就区别于较"正常"的历史素材[30]。因而这些房子大部分实际没有年代差异[31]。事实上，原始房屋和风土房屋的原创和革新并不讨喜，且常遭谴责。"习惯方法很神圣，而个别人因为建造方法上似乎很小的偏差而被惩罚的情形并不罕见。"[32]没有知名的设计师，也很少有人知道其所有者是谁或是它们矗立的特定环境，从这层意义上来看，这些房屋同时也是无名的，因为它们是群体而非个体的产物。

这就是说，研究设计师智识演变的方法不适用于风土房屋。期刊、书本、图纸中记载的可作为证据的信函、日记、建筑理论等，对传统建筑历史非常重要，然而这些资料在风土房屋中非常匮乏。鉴于原始建筑和风土房屋强大的统一性，切入我们主题的最好方式是从特定观点来分析房屋自身，而不是试图追踪它们的发展[33]。

　　这里隐含的前提是，行为和形式在两层意义上存在关联：第一，理解行为模式，包括理解欲望、动机、感情，对于理解建成形式非常重要，因为建成形式是这些行为模式的物质具现；第二，形式一旦建成就会影响行为与生活方式。这两方面中每一个都是巨大的课题，而两者都会引发建筑师和所有关心人类居所人们的巨大兴趣。实际上，这个问题所关注的是，呈现在行为中的变化和环境变化是什么样的关系，比如物质形式所呈现出的状态。在此书中，特别关注行为和形式的第一种关联，将会联系各种场所具体的方方面面加以讨论。

　　研究这一课题的特定方法带出了这个问题，如果没有文字记载，甚至没有关于生活方式的任何细节知识，唯一的证据就是客体、房屋或是聚落本身，考察房屋或一般意义上的人造物品，我们能知道多少东西呢？一方面物体能告诉我们很多和文化相关的东西[34]，另一方面有三处可能要注意的地方需牢记于心：

　　1．被称为"考古者之幕"（archeologists' screens）的是什么——一种将错误的证据、个人的自我态度、价值、经验理解成证据的方式[35]。

　　2．某些文化尽管有非常复杂和丰富的生活，但除了对风景有些影响外，没有留下人造物[36]。这种现实虽然非常少见，但确实存在。在一些区域，物质客体可能很快腐朽而消失或遭毁灭。

　　3．建筑可以外在于已有的文化观念[37]。

具体任务 | The Specific Task

　　大部分研究原始房屋和风土房屋的工作，其目标在于分类、罗列、描述房屋类型和它们的特征。虽然脱离形式所处的环境、文化以及它遮蔽的生活模式，形式会令人难于理解，但少有人会把这些形式和生活模式、信仰和欲求联系在一起。当讨论这种联系时，通常只是泛泛而言不会太具体，也没有人会尝试找出何种影响住宅形式的力量是主要的，何种是次要的或是调整性的（modifying）。

这样的分类和描述可见于旅游手册和别处一些地方，它们提供了一些研究素材的来源，但很少有关于形式为什么或如何创造的见解。也没人尝试讨论已有的相互冲突的住宅形式理论。**此书的目标便是聚焦于所有这些方方面面**（The object of this book is to concentrate on all these aspects）。

这就意味着，我不会去罗列和分类海量的素材，而是尝试理解这些形式是如何发生的。此书试图发现什么样的理论对住宅及其形式有最深刻的见解，什么样本最利于总结归纳而无需努力构建一个笼统的、普遍适用的理论。在这种情况下，这样的尝试呈现出特殊的问题。第一，不存在普遍接受的概念框架；第二，素材的数量非常巨大而无法用始终如一的方式记录。既没有统一的品质，研究的也不是相同的方面，因此很难简单直接地比较。

然后具体任务变成了如何遴选那些似乎更普遍的住宅特征，在不同的文化脉络中考察它们，让我们可以更好地理解，什么因素影响住宅和住宅组群所采用的形式，什么因素可以让我们瞥上一眼就能很快判断出住宅和聚落所属的区域、文化，甚至是亚文化。我会问**什么因素导致了这种差异**（what these differences can be attributed），并将它们和生活方式、美好生活的意象、社会组织、领域性的概念、处理基本需求的方式、居住和聚落模式间的联系等关联起来，而不是去描述和归纳这些住宅形式、它们的材料以及它们的各个组成部分。

不仅如此，人们在谈及**决定性**（determining）形式时应小心谨慎。我们应该谈论相符合的而不是因果的"关系"，因为多种力量的复杂性让我们无法将形式归因于既有力量或变量上。

我们需要意识到相互作用的复杂性和环境整体特性，并且理解某些事实和材料的重要性。很明显，这一题目只能被泛泛地讨论，不仅因为本书版面有限，也由于样本和形式的数量过于庞大，就像它们在时间和空间上分布很广泛一样。为了赋予这一主题以感觉和体会，激发对它的兴趣，对其保持敏感，只能建议一些观察这些形式的方法。

注:

[1] 大量的研究同这一基本区别有关，比如，可见 Dwight Macdonald,"Masscult and Midcult," in *Against the American Grain*（New York: Random House, Inc.,1962）；Robert Redfield, *The Primitive World and its Transformations*（Ithaca,N.Y.:Cornell University Press,1953）以及 *Peasant Society and Culture*（Chicago: University of Chicago Press, 1965）。在后一本书的第 70 页，这一区分体现为大传统和小传统（高级文化与低级文化、经典文化与民间文化、学术文化与大众文化、等级文化与世俗文化）。这种区分被应用到很多领域——音乐、宗教、医学、文学及其他——至今从未被用于建筑领域。

[2] 根据可靠的估计，即使是今天世界上由建筑师设计的房屋也不过是总量的 5%。见 Constantinos Apostolou Doxiadis, *Architecture in Transition*（London: Hutchinson,Ltd.,1964），pp.71-75。作者估计，由建筑师负责的房屋在英国最多达到总量的 40%。在世界上大多数地方，他们的影响力"几乎为零"（第 71 页），建筑师设计的房屋只占总量的 5%。大多数房屋是人们自己或工匠建造的。

[3] 词典中，**大众的**（popular）被定义成与普通人相关的，适合于普通人的，或源自普通人的，有别于精选的小部分人。**风土的**（vernacular）被定义为本地的，由人们使用的；**无名的**（anonymous）被定义为作者不详；**民间的**（folk）被定义为属于低阶层文化的大众，源自普通人并广泛被普通人使用。后一种情况中，问题在于 Giedon Sjoberg（*The Preindustrial City—Past and Present*，Glencoe, Ill.: The Free Press,1960）和 Robert Redfield（*The Primitive World and Its Transformations*）所用的**民间文化**（folk culture）含义不同。事实上，原始的、风土的、宏伟设计传统的区分可以对应于 Redfield 与 Sjoberg 的三种社会类型的区分——民间的、农业的或传统的、文明的。也与 David Riesman 提出的：传统导向的、内在指向的、外在导向的社会等三种社会形态有一些关系（*The Lonely Crowd*, New Haven: Yale University Press,1950）。

[4] 对"原始性的"定义总结可以参见 Julius Gould 和 William Lester Kolb 编纂的《社会科学词典（联合国教科文组织）》（*A Dictionary of the Social Sciences*（UNESCO），New York: The Free Press,1964）。

[5] Robert Redfield，*Peasant Society and Culture*, pp.72-73.

[6] Robert Redfield，*The Primitive World and Its Transformations*, p.XI.

[7] 在某些原始社会，如波利尼西亚，一般的住宅是由住户自己建造的，而首长的住宅或公社的住宅则是由专业木匠来修建的。在美拉尼西亚，住宅由个人修建，而首长的住宅和祭祀用的圣屋则由整个村子来建造，是村子所有人关注的事务。但是，一般而言可以认为原始社会轻视专业化劳动，因此，

对专业化劳动的轻视比起缺少经济主动性更能够解释为何存在缺少专业化。见 Lewis Mumford, *The City in History*（Harcourt,Brace & World, Inc., 1961），p.102。

[8]　借鉴 Robert Redfield 的 *Peasant Society and Culture*（第 68~69 页，第 71 页），可以给出区别原始和风土的另一种方式。书中，原始性被定义成孤立的和自给自足的——如果不是根据其他原始文化，而是根据某些**高级**（high）文化——而农民文化（即风土性）必须根据与之共存的高雅文化背景来理解。高雅文化补充并影响它们，因为它们意识到高雅文化的存在，而且高雅文化与低俗文化相互依赖并相互影响。其中一个例子是瑞士和奥地利农民的木头住宅就存在有巴洛克风格的影响。风土房屋和高雅的房屋存在关联（尽管很难建立起这种因果关联），然而原始文化中就不（not）存在这种关联，因为原始文化没有任何外部高雅文化的知识。

[9]　见 Jens Andersen Bundgaard, *Mnesicles*（Copenhagen: Gyldendal, 1957）。在此书中他提出希腊神庙属于风土形式。

[10]　Dušan Grabrijan and Juraj Neidhardt, *Architecture of Bosnia*（Ljubljana: Državna Založba Slovenije, 1957），p.313.

[11]　例如，可参见日本住宅的多样变化。它们都是我称之为一个模式的变体。布鲁诺·陶特（Bruno Taut）指出房主和设计者在该做些什么上是如何迅即取得一致的。而房东，实际上同时也是设计者。参见陶特的（*Houses and People of Japan*, 2nd ed. Tokyo: Sanseido Co., 1958）中第 27 页，第 31 页。在瑞士，每一条山谷都有一种典型的农舍形式——模式，在这一基本类型中有很多个体的变化。

[12]　Gerald Breese. *Urbanization in Newly Developing Countries*（Englewood Cliffs, N.J.: Prentice-Hall, Inc., 1966），p.7。另外参见 Eric Wolf, *Peasants*（Englewood Cliffs, N.J.: Prentice-Hall, Inc., 1966），p.11。在其中，他同样根据专业化和分化区分了原始的与"文明的"。

[13]　Robert Redfield, *The Primitive World and Its Transformations*, and Redfield and Singer, "The Cultural Role of Cities," *Economic Development and Cultural Change*, 3（October 1954），esp. pp. 56-57.

[14]　例如参见 Robert Redfield, *A Village That Chose Progress: Chan Kom Revisited*（Chicago: University of Chicago Press, 1950），pp.25,61。书中他比较了查康姆村（Chan Kom，墨西哥尤卡坦半岛上一村落）过去的模式。人们可以发现逐渐分化带来的变化，既在于村子的整体尺度——村子已分解成邻里，也在于广场和院落——从公共和私密空间角度而言。后者类同于丹·斯坦尼斯洛斯基（Dan Stanislawski）

对墨西哥米却肯州（Michoacan）的印第安城镇与西班牙城镇的比较，见 *The Anatomy of Eleven Towns in Michoacan*, University of Texas, Institute of Latin American Studies（Austin: University of Texas, 1950）。

[15] Carl Jung, *Man and His Symbols*（Garden City, N.Y.:Doubleday and Co., 1964）, p 45.

[16] Siegfried Giedion, *The Eternal Present*, vols. 1 and 2, Bollingen XXXV（New York: Pantheon Books, 1964）.

[17] Edmund Snow Carpenter, "Image Making in Arctic Art," in *Sign, Image, Symbol*, ed. G.Kepes（New York: George Braziller, Inc., 1966）, pp.206 ff.（See especially pp.212, 214-216, 218-219.）

[18] Gianni Pironne, *Une Tradition Européenne dans L'Habitation*, "Aspects Européens" Council of Europe Series A（Humanities）, No. 6（Leiden: A.W.Sythoff, 1963）, pp.17, 37-38.

[19] Dušan Grabrijan and Juraj Neidhardt, *Architecture of Bosnia*, pp.171,238,289 and elsewhere.

[20] Amos Rapoport, "Sacred Space in Primitive and Vernacular Architecture," *Liturgical Arts*, XXXVI,No.2（February 1968）, pp.36-40.

[21] Pierre Deffontaines, *Gégraphie et Religions*, 9th ed.（Paris: Gallimard, 1948）, pp.69-70. 让－皮埃尔·德方丹（Jean-Pierre Deffontaines）在书中列举了一些缺乏房屋崇拜的文化。它们把树木、石头等当作神圣场所。当然，它们仍有首长住宅和属于这一类型的其他房屋。

[22] 例如参见 Alain Gheerbrant, *Journey to the Far Amazon*（New York: Simon & Schuster, 1954）, p.92——皮亚罗阿印第安人（the Piaroa Indians，南美洲印第安人部族）的神庙只有 10 英尺（约 3 米）的跨度，而住宅则有 50 英尺（约 15 米）长，25 英尺（约 7 米）高。

[23] A. H. Brodrick, "Grass Roots," *Architectural Review*（London）, CXV, No.686（February 1954）, pp.101-111.

[24] G. Evelyn Hutchinson in S. Dillon Ripley, ed., *Knowledge Among Men*, Smithsonian Institution Symposium（New York: Simon & Schuster, 1966）, p.85.

[25] E. R. Service, *The Hunters*（Englewood Cliffs, N.J.: Prentice-Hall, Inc., 1966）, p.*v*.

[26] Ruth Benedict，*Patterns of Culture*（Boston: Houghton Mifflin Company, 1959）, p.24.

[27] 例如参见 Max Sorre in *Readings in Cultural Geography*, Philip L.Wagner and M. W. Mikesell, eds.（Chicago: University of Chicago Press, 1962）, p.370.

[28] 参见 E. T. Hall, *The Silent Language*（Greenwich, Conn.: Fawcett, Premier paperback, 1961）, and especially *The Hidden Dimension*（Garden City, N.Y.: Doubleday & Co., 1966）.

[29] 当然，其他人造物也展现出这种形式的持久性。印度信德省（Sind）今天使用的马车仍然和摩亨·佐达罗（Mohenjo Daro）4500 年前使用的一样，罗恩河谷（Rhône valley，从法国中部一直延伸到地中海附近的河谷地区）19 世纪使用的芦苇舟和公元前 7500 年前的芦苇舟一样。

[30] 米尔恰·伊利亚德（Mircea Eliade）等人已经指出，对于原始人，甚至是农民，时间没有持续的影响。原始人生活在一种连续的存在状态中，他的时间概念是**循环的**（cyclic）而非线性的。参见 Mircea El-iade, *Cosmos and History—The Myth of the Eternal Return*（New York: Harper Torchbooks,1959），pp. 4，90. Peter Collins, in *Changing Ideals in Modern Architecture*（London: Faber & Faber Ltd., 1965），Chap. 2. pp. 29 ff, 并且指出历史意识和发展意识是相当晚才出现的。

[31] 当然，在有些情况下风土房屋的历史可以被追溯。例如参见 Richard Weiss, *Die Häuser und Landschaften der Schweiz*（Erlenbach-Zurich: Eugen Rentsch Verlag，1959），书中可以确定住宅的建造时间，人们可以由此来追踪巴洛克文化对农舍的影响。也可以通过和已知文化纪念物的比较来确定住宅的建造时期（比如，一个既定朝代的埃及住宅）。也可参见 G. H. Rivière, *Techniques et architecture*（Paris: Albin Michel, 1945）。他在书中追溯了法国农舍在时间上的演化历程。但是，常有的情形是，确定房屋建造年份是因为有刻下日期的习惯，而不是通过风格的变化来判定。

[32] Lord Raglan, *The Temple and the House*（New York: Norton, 1964），p. 196.

[33] 研究房屋可以具体**场所**（place）为例，并尝试根据历史、位置、社会、气候、材料、建造技术和其他变量来理解居住和聚落的形式。

[34] 例如参见 Lewis Mumford, *Art and Technics*（New York: Columbia University Press, 1952），p.20，书中刘易斯·芒福德分析了卢卡斯·克拉纳赫（Lucas Cranach）、彼得·保罗·鲁本斯（Peter Paul Rubens）、爱德华·马奈（Édouard Manet）的裸体绘画，把它们当作三种不同文化、哲学和观察世界方式的指标。他指出物质工艺品——艺术品——用最少的具体材料表述了最大程度的含义。

[35] 特别参见 Horace Miner, "Body Ritual among the Necirema," *American Anthropologist*, LVIII（1956），pp.505-507.

[36] 参见 Redfield, *The Primitive World and Its Transformations*, p.16, 这里指一个澳大利亚的土著部落——皮詹加加拉人（the Pitjandjara）。书中同时记录了巴西北部的瓦伊卡印第安人（the Waika Indians），他们没有衣物、尚未发现在使用器皿，但是他们拥有非常丰富和复杂的宗教生活，迥异于他们低级的物质

生活。同时可见阿莫斯·拉普卜特（Amos Rapoport），"Yagua, or the Amazon Dwelling," *Landscape*, XVI, 3（Spring 1967），pp.27-30。这里有一点很明白，如有可能发现怎样解决隐私难题的**物质**（physical）证据，但也很是困难的。

[37] George Kubler in *The Art and Architecture of Ancient America*（Harmondsworth, Middlesex: Penguin Books, 1962），p.9，一书提到了这种理念。N. F. Carver, *Silent Cities*（Tokyo: Shikokushu, 1966）一书中也提到以极端形式呈现这种理念。即使是高雅设计也不适用这种理念，更不用说原始的和风土的房屋，这些房屋已完全根植于他们的文化之中。

译注：

[译注 1] 空间系统三维观念的出现是很晚近的事情，始于笛卡尔发明了直角坐标系之后。因此，吉迪恩会认为原始文明的洞穴艺术"无方向区分"。

[译注 2] 普洛克路斯忒斯是希腊神话中的强盗。他有一长一短两张铁床，他强迫旅人躺在铁床上，身矮者睡长床，强拉其身体使之与床齐；身高者睡短床，用利斧把人伸出来的腿脚截短。

第二章　住宅形式的其他理论

Chapter 2　Alternative Theories of House Form

　　列举和划分住宅的类型与形式并不能带来对形式创造过程及其决定因素的深刻见解。有些观察住宅形式创造力量的尝试更深刻、理论性更强，但大多含蓄而不明确。我会力图用更清晰的术语来表述它们。加以考察的理论名单并不能面面俱到。讨论会限定在需解释的主要类型上，包括物质类型——涉及天气和庇护的需求、材料和技术及场地，也包括社会类型——同经济、防卫和宗教有关。

　　所有这些努力都有两类缺陷。第一，它们本质上大多是物质决定论。第二，无论强调何种具体的形式决定因子，这些理论都倾向于过分简单地将形式归因为**单一**（single）原因。因此，它们也无法传达问题的复杂性，而发现这种复杂性只能考察尽可能多的变量及其效应。

　　这些理论忽视了这样的事实，房屋形式展现的是多重因素的相互作用，而单一因素的选择、不同时期被选择因素的变化本身就是非常值得关注的社会现象。关于这个问题一些明显而重要层面的解释无法从每一个被考察的理论中获取。

气候与庇护需求 | Climate and the Need for Shelter

建筑学和文化地理学广泛接受气候决定论，不过近年来它已很少得到文化地理学的青睐。人们没必要否认气候的重要性，质疑它在建筑形式创造时的决定性作用。考察一个地区城市模式与住宅类型的极端差异，比如新、旧德里，非斯（Fez，摩洛哥北部古城）和马拉喀什（Marrakesh，摩洛哥西部古城）新旧城或某些拉丁美洲城市，它们更多地显示出是和文化有关，而不是气候，这让任何极端的决定论观点变得相当可疑。

在建筑学中，气候决定论的观点仍然相当普遍。这种观点认为，原始人首要关心的是遮蔽，因此气候决定形式成为一种必然准则。

我们建造房屋来保持稳定的气候，驱除捕食者。我们种植、采集和进食，以保持新陈代谢处于稳定水平[1]。

这种描述对于今天的居住或饮食而言是有问题的。甚至对于原始人，也不那么正确。即使处于经济短缺的情况下，原始人仍有许多居住和食物的禁忌和限制。甚至在驯养动物、植物的关键领域，非实用的因素似乎是头等重要的。这在后面将有更详细的讨论。

如果就住宅而言说得更具体一点，可以这样表述：

庇护所对人类极其重要。它是人类为生存而长期斗争的首要因素。在努力遮蔽自我抵御极端天气和气候时，人类已历经沧桑演化出许多类型的住所，其中一种是合院住宅[2]。

当然，问题是为什么同样地域中既有合院住宅，又有其他形式的住宅——比如在希腊，院落形式（Court form）和中央大厅形式（Megaron form）同时存在；或者在拉丁美洲，合院住宅似乎和文化因素更密切相关而不是气候因素，对比印第安和西班牙的住宅类型即可证明这一点。

更需要考虑的是，在有限数量的气候区域中为什么会发展出这么多的住宅形态。甚至，气候相似的地区，微气候类型的变化要少于住宅类型的变化数量，比如南太平洋地区。在后一种情况中，气候并非关键因素，我们发现各式各样的住宅类型：建造在所罗门和斐济堡礁上的人造岛屿、新几内亚摞在一起的住宅、新赫布里底群岛（New Hebrides，位于西南太平洋，瓦努阿图的旧称）和埃斯皮里图·桑托岛（Espiritu Santo，瓦努阿图最大的岛屿）的山间台地住宅，更不用说，在每个地域每一类型还有多种变化。

因为庇护是住宅功能的一个方面，也是人类需求，我们无法否认庇护极其重要，但庇护所本身作为基本需要是有问题的。已经有观点提出建造住宅**并非**（not）自然行为而且也不普遍，在东南亚、南非和澳大利亚，很多部落都没有住宅。最显著的例子是火地岛（Tierra del Fuego，位于南美洲南端）的奥纳人（the Ona），尽管那里几乎已是极地气候，祭祀用的精巧圆锥形小屋的存在也很好地证明了他们的建造能力，但其住所仅使用挡风墙[3]。在塔斯马尼亚，寒冷地带的土著也没有住宅，但他们并没有发展出超出挡风墙水准的建造能力。

相反，精致的住所会出现在**单就气候而言**（in terms of climate alone）遮蔽需求很低的地方，比如南太平洋部分地区。不仅如此，大量对天气防护要求很高的活动，比如烹调、出生、死亡，要么发生在开放场地，要么在单坡屋子里[4]。宗教禁令和禁忌引入的**不适**（discomfort）和复杂，它们远比气候需求更重要。比起已有的其他特定案例，这一原则在这一地区更为重要。

在一些气候中，比如北极圈，不同的人群有不同的居住形式，比如因纽特人和阿塔巴斯坎人（the Athabascans，居住在阿拉斯加和加拿大北部的印第安人部族）的住宅就不同，这些形态差异仅靠气候因素无法解释。比如说，因纽特人夏季和冬季的住所（帐篷和冰屋）会有一个中央空间，而其他房间会放射性地环绕在它周围。这样的平面很少存在于气候条件相似的其他文化中，并且这种平面在气候上也不是最有效的[5]。如果气候并不能决定极地住所的形式，下面的说法就更不容易接受：洛亚尔提群岛（Loyalty islands，法属海外领地新喀里多尼亚的一部分）和新喀里多尼亚（New Caledonia，西南太平洋群岛）典型的圆形住宅同样也存在于新几内亚和新不列颠（New Britain）的高地河谷中，使用这种形式的房屋是因为它可以整晚留住小团篝火的热量，而不用再盖被子[6]。

有些例子中，生活方式几乎导致了反气候的解决之道，居住形式同经济活动相关而不是气候。比如，密苏里河谷的希多特萨人（the Hidasta，居住在美国密苏里河岸的印第安人部族）4月至12月是农耕者种植玉米、蔬菜、大豆的季节。这段时间他们会居住在直径30~40英尺（9~12米）的圆形木屋中，墙体由树干构成，高5英尺（约1.5米），中间有4根14英尺（约4米）高的圆柱，承载着椽子、树枝和草顶。这样的房屋存在于大型村庄中，并延续好几代人。12月到第二年3月间他们捕猎野牛，会像平原印第安人一样使用圆锥形帐篷。两种居住类型因此适用于两种不同的生活方式和两种经济基础，尽管从气候上看，反过来可能更合适（比如在西伯利亚）。在密苏里河谷的其他地域，气候条件都一样，但印第安经济完全以狩猎为基础，圆锥形帐篷是唯一使用的住宅形式。加利福尼亚的西南坡莫印第安人（the Southwest Pomo，又称"卡沙亚"（Kashaya））的村庄**位置**（location）一直变迁，从夏天的海滨移动到冬天的山脊，然而居住的形式并没有变化。气候影响的主要效果是住宅大门要偏离风向。

相当多的反气候解决办法的存在让人们反思极端气候决定论观点，这也表明必定有其他力量在发挥作用。原始建造者和农民建造者有气候上"非理性"的需求和动机。这其中包括仪式和宗教信仰、威望、地位，等等。

亚马孙西部的博罗人（the Boro，亚马孙河流域土著居民）及其他许多部落都居住在巨大的公社住宅里。这种住宅有厚重的茅草屋顶和墙体，但根本没有空气对流措施，而这种措施是湿热气候的基本需求。尽管它可能有助于防范蚊虫叮咬，但从气候舒适性角度来看，很难再找到比其更糟的应对之道。一个可能的假设是，这些住宅是从别的地方引进的，它们是某些权势群体的地位象征。伊基托斯（Iquitos，秘鲁东北部亚马孙丛林地区最大城市）[7]周边雨林地区使用的典型开放式住宅也出现在伊基托斯本地的贝伦港（Belén），它们有着相同的框架和构造方式，而附加的**实体墙**（solid walls）成为唯一的重大变化。这一变化让住宅很不舒适，但可能是因为新文化环境有地位表达的欲求，这种变化也差不多折射出新的对待**隐私**（privacy）的态度和需求（见图 2.1 和图 2.2）。

图 2.1　秘鲁靠近伊基托斯雨林地区的典型住宅

图 2.2　秘鲁伊基托斯的住宅（贝伦的土著区）
请注意用于遮挡隐私的固定墙体，与图 2.1 相比，这是巨大的变化

反气候的应对之道在世界各地都可以看到。在亚马孙,聪明的丛林殖民者会让印第安人为他们建造房屋,然而橡胶大亨们却进口砖头和大理石,建造厚砖墙的公寓。这些房子吸收潮气,腐朽崩塌,容易使人生病。仍然矗立的房子遭遗弃,变成废墟,被一些流浪汉占据,他们让房子变得更糟[8]。

类似的文化输入还有马来西亚的中式住宅。这些住宅源于完全不同的地域,但和更适应气候的马来式住宅紧挨在一起。前者显然是城市的,而后者则是乡村的。但是中式住宅的院落平面和厚重的砖石构造在炎热潮湿的地方显得不太合情理。

在日本,以地位为导向对住宅造成的影响可被清晰地追踪到。除去框架的强度、屋顶悬垂的宽度以及北方偶尔会使用的骑楼(street arcades),日本北方北海道的亚寒带传统住宅和南方九州亚热带的住宅相比变化不大。日本人由南向北分布,伴随他们的是与其文化一致的住宅形式;甚至北方的原始土著阿伊奴人(the Ainu)放弃了他们厚墙住宅转而追求日本征服者的纤巧住宅。以我个人的经验来看,即使在相对温暖的本州,我敢肯定日式住宅在冬天很不舒服。尽管夏日很舒适,但这些住宅晚上还要关百叶窗,这实际上导致了它们很不舒适。多重的社会—文化态度导致了关闭百叶窗的行为,其中比较知名的是对"夜贼"的恐惧,这更多是一种迷信而不是现实[9]。

北美的欧洲人或一些本地人坚持住在欧洲风格的住所里。合院住宅可能会更舒适,但这里牵扯到身份和现代性的问题。西方人不利用这种合院住宅的一个原因是空间的尺度和组合方式在**文化上**(culturally)不合宜[10]。另一方面,本地人不得不用砖围住了欧式住宅的开放空间,不仅为了避开阳光和太阳,同时也为了保护隐私[11]。

宗教禁忌会不时地制造反气候的解决之道。例如,占人(the Chams)[译注1]认为树下的阴影不吉利,因此尽管住宅和街道暴露在炎炎烈日之下,却从不种树。柬埔寨同样也缺乏树荫,有种观念认为,让植物在住宅下生根是不吉利的[12]。

在斐济、马来西亚、日本，欧洲人不仅住在不适合当地气候的住宅里，而且相对舒适的传统住宅也被盖着镀锌铁皮屋顶的住宅所代替（或甚至更糟糕，全金属的），住宅变得更不舒适。在南太平洋，即便欧式住宅更热而且隔音效果也比传统房屋差，因此也更不舒服，但它们仍是权力和财富的象征 [13]。在日本，茅草被纯金属所替代，在隔热和保温、预防水分凝结和生锈等方面，金属很不实用，然而却因为它是新材料而被广泛采用 [14]。在秘鲁，尤其在阿尔蒂普拉诺（Altiplano）[译注2]，镀锌铁皮房屋的地位很高，它不仅取代了茅草和瓦片，损害了舒适性、外表和景观，但它是唯一能让人们实现合作的途径——在自助的学校建造项目中，人们同意使用作为地位象征的镀锌铁皮屋顶。外来的建筑师则把茅草隐藏在天花板下，以此实现舒适性 [15]。

尽管存在这样的实例，原始房屋和风土房屋的典型特征恰恰在于它们很好地回应了气候，我并不是要否认这一变量的重要性，而仅仅是质疑它的决定性作用。

材料、建筑与技术 ｜ Materials, Construction, and Technology

"千百年来，木材和石材决定了房屋的品质。"[16]当今的文化态度让这一表述成为流行观点，但其根源回溯起来时间久远。它被广泛使用在过去和今天的建筑理论中。简单地说，其论据是，如果它适用于高雅的设计，那么在一个技术水平有限的社会，这样的因素必然变得特别强烈，因此成为强大的制约。

这一观点认为，当人们掌握了更复杂的建造技术，形式就会发展。所有形式都是渐进发展的一部分，处于一系列几乎必然的步骤之中。不需要建造的洞穴让位于挡风墙、圆形棚屋，最后是各种形状的方形棚屋。反过来，这些形式又受到各种可利用的材料和技术的影响。

我们已经看到了火地岛的挡风墙被用于遮蔽，更精巧的形式用于仪式性房屋。加利福尼亚的西南坡莫印第安人使用树皮帐篷，一种相当原始的形式，甚至比临时的柴枝房屋还要原始，然而他们的仪式房屋——蒸汗屋（sweathouses）和精心制作的圆屋——都有精巧的屋顶结构。圆屋常常是半地下的，可能类似于基瓦（Kiva）[译注3]的古老形式，但仍留存同样的空间组织、关系和基本形态，而今这一基本形态已经建于地面上并且由新材料建成；中心杆实际上从旧圆屋移向新圆屋[17]。这表明，形式至少是部分独立于所用的材料和结构手段，而先进技术的使用并不必然带来形式上的进步。

决定论的观点忽视了住宅的**观念**（idea）；不是说人们能做某事就意味着他一定会这么做。比如，尽管古埃及人知道拱，但他们很少使用它；在那里很少看到使用拱，因为这和他们的观念和意象相互冲突[18]。原始的和风土的房屋给出很多实例证明拥有技术知识并不等于人们一定会使用它。在海地，人们可以看到许多编织的平板，很适合做墙体，斜靠着一些非常粗糙的房屋，但它们只是用来做鱼笼，从未用于房屋[19]。布须曼人（the Bushmen，居住在非洲南部的原住部族）的婚礼**棚屋**（the marriage Scherm）[译注4]被建造得很精致，比一般房屋要大，尽管是临时房屋，但其象征作用明显比实用性更重要[20]。

社会价值优先于技术进步的情况也会存在。这一点很有趣，因为我们往往把技术进展和进步等同起来，而很少考虑采用这种进步会带来什么社会后果。在北非，一些村庄的法式自来水会引发严重的不满。研究显示，这是穆斯林社会的妇女被封闭在住宅里，村庄的水井则提供了她们唯一的外出、闲聊、观看有限世界的机会。而一旦恢复了水井，拆掉水龙头，这种不满便消失了。在一些地域，当茅草被更现代的材料所取代，它变成一种有地位的古董而更时髦。就像我们看到的，镀锌铁皮同样也可成为一个成功的符号。

圆形棚屋比方形棚屋更易加盖顶棚是无需否认的事实。但从一种屋顶转向另一种仅仅是回应建造技巧的观点需要被质疑。实际上，形式的变化可能只与它们的象征特质相关。有些地方同时有圆形和方形的形态——比如在尼科巴群岛（Nicobar Islands，印度洋东部岛链），而在别的地方则根本就没有圆形形式。比如，中国、埃及，美索不达米亚都有贯穿历史记录的方形房屋存在，建造材料可以是石头、泥土或其他材料[21]。

材料、建造、技术至多是形式的调整性因素，而非决定因素，因为它们既无法决定建造**什么**（what）也无法决定被建造的形式——其他原因决定了这些。材料、建造、技术使基于其他因素形成的空间组织构成得以围合，也会调整那种组织构成。它们促成某些决策，让其可行或不可行，但从不判定或决定形式。西里伯斯岛（Celebes，印尼苏拉威西岛之旧称）的科尔韦（Koelawi）有三种不同的抬高的住所类型，其结构复杂程度不一[22]。因纽特人的冰屋和帐篷的平面一样，尽管使用材料很不同。当然，材料确实带来一些差别，尤其会让一些工序不太可能。因纽特人不可能在没雪的夏天建造一个冰屋。本书非常重要的核心观点是，我们应当探究的是文化和物质环境让什么不可能，而不是探究它们让什么不可避免。

材料自身并不决定形式。在日本，茅草屋顶会呈现出多样的形态、尺度和斜度[23]。屋顶和屋梁的尺寸与其作为地位象征的功能、农夫的财富以及日本人对自然及自然材料的喜爱有关，有时为此付出的代价就是理性的建造。事实上，日本房屋的结构常被认为是不合理性的[24]。中国的屋顶都是叠瓦，然而因为风水的影响，一个村庄的屋顶形式也许差异就很大（宇宙方位——见第三章）。普韦布洛人（the Pueblo，北美印第安人部族）的房屋使用相同的材料，然而仅仅考虑一下那些封闭的广场就可以发现非常不同的形式——E形的、椭圆形的、D形的、圆形的、方形的，等等。

所有南太平洋地区的住宅都使用相同的基本技术（抛光的石头和贝壳铲）和材料，然而它们形式多样，差别巨大。虽然波利尼西亚和美拉尼西亚都使用一样的工具，但前者的住宅明显比后者更宏伟，因为不同的社会组织模式和当政家族的威望不同。类似地，在巴布亚新几内亚，同样的材料和技术会产生出非常不同的形式。

材料的变化并不必然改变住宅的形式。希腊的圣托里尼岛（Santorini，旧称"锡拉岛"（Thera）），材料的重大创新并没影响到形式。那里的住宅屋顶覆盖着用石头垂直砌筑的拱廊，接缝是水泥砂浆。1925年，一个石匠师傅前往雅典，见到了混凝土。回来后，他临时拼凑了由本地岛屿火山灰制作的轻混凝土。然而无论是住宅形式还是拱的形式都没有变化[25]。同样地，最近也有报道提及建造蒙古包的材料是塑料而不是传统的毛毡覆盖物，但其形式的所有方面都没有变化。我们已看到，在我们自己的文化中，形态来源于其他形式使用的材料；比如说，木头教堂常常会模仿石头教堂，或者相反。

同样的材料经常会导致不同的形态，比如图 2.3~ 图 2.6 所展示的那些例子。气候的要求导致结构上不优化形式的情况也会发生，比如阿善提（Ashanti）[译注5] 和伊朗有厚重墙体的棚屋（后面将会讨论到）。特别是，**屋顶**（roof）会建造在纤弱的框架上。在其他案例中，形成非理性结构的原因可以是宗教的和社会的。无论如何，光靠结构技术和材料自身并不能完全解释我们所发现的形式多样性及其本质。

场地 ｜ Site

我不敢肯定，是否有人提出过一以贯之的场地理论，认定形式是一种决定因素。但是，有人已尝试从地形、土地贫乏等角度解释类似于意大利山地城镇和希腊海岛城镇、村庄那样的**聚落**（settlements）形态（因此同样也是住宅的形态）。爱德华·伊万·埃文斯－普里查德（Edward Evan Evans-Pritchard）和其他人关于苏丹努尔人（the Nuer）的研究[26]、瑞士的约瑟夫·穆勒－布洛克曼（Josef Müller-Brockmann）的著作都是一种生态决定论，它把场地当作非常重要的因素。

贬低场地对原始和风土建造者的重要性是错误的，但人们可以质疑场地对住宅形式的决定性影响。场地的重要性体现在原始人，甚至农民对土地近乎神秘的依附和土地文化上。对待土地的精心谨慎和建在上面的住宅证明了土地的重要程度。例如，加利福尼亚西南坡莫印第安人拒绝离开不尽如人意的场地，尽管其传统性质会导致较少的工作和商业机会[27]。在过去，这批印第安人会从夏天的滨海场地迁移到冬天的山脊。不管场地有多大不同，他们的住宅没有变化。

图 2.3 用一种材料（芦苇）建造的住宅
左：秘鲁的的喀喀湖（Lake Titicaca）的乌鲁人（the Uru）住宅　右：伊拉克—伊朗边境附近沼泽阿拉伯人住宅

图 2.4 用一种材料（泥土）建造的住宅
左：伊朗　右：普韦布洛，美国西南部

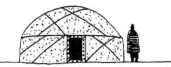

图 2.5 用木棍和毛毡搭建的轻便帐篷
左：阿拉伯帐篷　右：蒙古包

图 2.6 以茅草和木头作为建造材料的诸多住宅形式中的两例
左：马塞住宅（Masai dwelling，非洲）　右：亚瓜住宅（Yagua dwelling，亚马孙）

图 2.3~ 图 2.6 的住宅没有以同一比例绘制，但是它们的规模可以通过和人的形体作对比表现出来

美国西南部某些地域的场地和气候条件很相似，它们既可以作为高度个体化的纳瓦霍人（the Navajo，北美印第安人部族）住宅，也可以是普韦布洛人集合住宅的存在环境。后者基本上是一个社会单元，其最基础的性质是集体性质。被边界分开的墨西哥奇瓦瓦州（Chihuahua）和美国得克萨斯州，在景观、聚落模式、住宅形式等方面有着深刻的差别。虽然这是一条想象的自然线条，但从对待生活、经济、自然的态度，附着于住宅和城市意义的角度而言，它又非常真实 [28]。

日本的方位体系（Hogaku system of orientation）决定了日式住宅位置不考虑地形，然而在印度，陡峭山坡上的住宅严格朝向东方，以至于门会正对着斜坡面 [29]。吉尔伯特群岛（Gilbert islands，太平洋中西部环礁群）和埃利斯群岛（Ellice islands，西太平洋岛屿）的住宅根据宇宙的力量而非地形来定位 [30]，在中国也是这样。在立陶宛，石头和山体的土地力量比低洼地的更强大，所以对房屋的排布造成影响的是这种观念而不是自然意义上的地形。对土地不加利用，而是留作了墓地、小树林、史迹、神圣水源——成为场地影响住宅排布的一个重要而又普遍的方面——但是作为精神意义上的，而不是自然意义上的场地。

场地对农作物的影响要比其对住宅形式的影响更为关键，即便如此，在一个特定地域，比如锡兰（今斯里兰卡），就曾经出现过农作物从香料变成了咖啡、茶、橡胶，然后再次转变。当然这里有很多自然上的限制——人们无法在格陵兰岛种植菠萝 [31]。不过，任何地域都会有很多选择。同样的场地条件也可以导致不同的住宅形式，而相似的形式可以建造在完全不同的场地上。比如说，水是一种场地，建造房屋时的应对方式可以是在水上立柱子，也可以将房子建在水滨，或使用浮动的房子。场地让有些事情**不可能发生**（impossible）——人们不能在没水的地方使用浮动的房屋，但所有形式应有尽有，所有形式都会有变化 [32]。人们会使用建在桩子上的住宅以远离水面；与之同时，在一些文化中，同样场地上的不同人群要么把房子建在柱子上，要么建在地面上 [33]。

非常相似的场地上常展现出不同的形式，比如在海滨，人们可以追求风景或是避开它。即使像山脉、沙漠、丛林这种特点强烈的场地也会产生变化众多的住宅形式 [34]。

正如我提及的,场地同时影响城市和住宅,但是它并不决定形式。用维达尔·白兰士 (Vidal de la Blache) 的话来说,"自然准备好场地,人们组织它,让自己的欲望和需求得到满足。"[35] 某种意义上,场地的效应是文化的而不是物质的,因为理想场地取决于人群或时代的目标、理想、价值,那么"好"场地的选择——不管是湖、河、山、海岸——取决于这种文化定义。用不用山体不在于它们是否难于做场地,而在于对待它们的态度[36]。场地的选择可能有超自然的原因,可能部分取决于政治和社会的观念。比如在伊斯兰地区,有些时候城市会坐落在海岸场地,而其他时候则更偏好内陆地点[37]。

城市中受欢迎的场地也以类似的方式不断变化着。穆斯林城市的典型特点是,"更高贵"的职业出现在紧邻清真寺周围区域,而"更卑贱"的则远离清真寺。西班牙殖民者将这种现象带到墨西哥(他们很可能受到阿拉伯人的影响)。同一地域内既有行业分布随意的印第安城镇,又有"伊斯兰"模式下的西班牙城镇——由"高贵"行业和富有住宅围绕广场形成集群[38]。在某些情况下,地位很重要;而另一些情况下,它并非住宅—聚落体系空间组织的关键要素(见第三章)。然而这些都和场地无关。

聚落模式自身往往有很大的复杂性,似乎独立于场地。同样的地域会有孤零零的农田、小村子、大村落。然而即便是处于山地,苛刻而特性强烈的场地也会展露出文化背景下的多样居住模式。例如,阿尔卑斯山区中日耳曼地域的散落村庄和拉丁地域的大型村庄[39]。

地中海地域的村庄有很强的集聚性,那里不论何种场地都显露出对集聚生活的渴望。巴尔干式的地域会显示出历史的与文化的差异会强于场地和气候造成的差异,希腊罗马式、土耳其式、斯拉夫式以及其他形式常出现在相同场所中。斯堪的纳维亚有不同历史时期各不相同的村庄和住宅类型,而部分非洲村庄也是这样[40]。实际上,这几乎是普遍现象,同样的场地在历史演替中呈现出极其不同的居住形态,拉丁美洲就是这样,这一地区的住宅形态从印第安式住宅转换到随西班牙殖民者而来的合院住宅,然后又转变成现在的盎格鲁—美国式住宅聚落模式。类似的变化也出现在非洲和亚洲的城市。尽管的确出现过一些调整,合院住宅会同时在平坦场地和多山场地被使用(图2.7)。

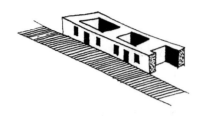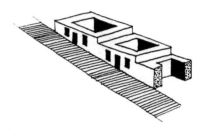

图 2.7 一排合院住宅的一部分（拉丁美洲）
左：平坦场地　右：山坡场地

防卫 | Defense

通常而言，对住宅形式做出社会解释时，防卫和经济实用——最具**物质性**（material）的两个方面——普遍被提及。很多人更多用防卫因素来解释紧凑的城市模式而非居住形式，但即便在这个方面，它也不足以作为完全恰当的解释。史前克里特文明提供了一个好例子。在这一地区，防卫不可能是形成紧凑集群聚落的原因。这种形态不如归因于人们合群的天性。这种合群性，常见于整个地中海地区，仍然盛行于今天。尽管克里特岛可能会有些孤零零的茅屋在一年中的某个时期才被使用，但克里特岛很少有孤零零的住宅。只要可能，克里特人的住宅都会建在村里。

不太爱社交的英国人情愿住得离他的工作地近些，即使他不得不要走很长的路去小酒馆、教堂或拜访他的邻居。社会化的希腊人宁可住在拥挤的乡村，住在他的朋友和咖啡馆中间，即使他不得不要走很长的路去打理他的田地、修理他的葡萄藤，我认为史前的克里特人和他们很像[41]。

紧凑的希腊群岛城镇归因于防卫需求、缺少资金（以至于住宅自身不得不组成墙体）、缺乏适宜耕种的土地（因此需要保护土地）、气候造成的遮阴需求。既然所有这些因素确实都在发挥作用，单一因果关系就不太可能成立；我们同样需要考虑选择的因素，比如喜好拥挤热闹。

防卫当然在住宅形式上起着决定性作用，围栏、栅栏、篱笆的使用既有防卫意义也有后面将谈及的宗教意义。尽管如此，就像普韦布洛案例给我们的启发[42]，从来不能完全用防卫来解释形式，甚至它可能只是象征因素。即便在防卫意义明显很重要的地方，比如马塞人（the Masai，东非肯尼亚和坦噶尼喀地区的游牧民族）那里，居住的特定形式和他们对待牛的态度有关，这是很不寻常的事情。马塞武士的牛栏虽然有防卫性，但完全不同于"普通"牛栏的形式，它没有篱笆；不同于马塞版本那样，为了防御，在乍得的穆斯古姆（Mousgoum），农田围成封闭圆圈，成为一种永久化的游牧民族宿营地。

在喀麦隆，因为谷仓比牲口棚更重要，价值体系不相同，因此处理防卫的方式也不相同。同样在喀麦隆，遭受攻击的危险持续存在，因此住宅形式的不同取决于家庭是一夫多妻制还是一夫一妻制。每种情况都会通过单一入口来控制准入，但空间排列方式因家庭和社会组织不同而变化。比如，在喀麦隆多凡加（Douvangar）的莫弗（Mofou）和弗弗（Foufou）农宅的入口会穿过家长的房子；而在马萨人（the Massa，生活在喀麦隆境内的非洲部族）的农村，酋长的住宅处于中央，被他的家庭成员包围着。纳塔加人（the Natakan，生活在喀麦隆境内的非洲部族）的农宅有防卫要求，但其形式很不相同，因为那里实行一夫一妻制。女子有很大的权威，控制着重要的谷仓。因此我们看到婚俗习惯和其他因素可以影响不同的住宅形式，所有这些住宅都有防卫需求[43]。

有人把公共住屋与形成生存单位的要求联系起来[44]。即便这种解释可以接受，这种形式也不是防卫要求的必然结果。公共住屋是山区村庄或栅栏(palisade)围绕村庄的独特解决方式。雅典人和斯巴达人处理防卫需求的方式差别很大，就像威尼斯和用城墙环绕城镇的差别一样，甚至城墙自身的形式都非常不同，比如卡尔卡松（Carcassonne，法国南部城市）和艾格·莫尔特（Aigues Mortes，法国南部城市）的差别就很大。公共住屋自身形式差别巨大：普韦布洛人和易洛魁人（the Iroquois，北美印第安人部族）的长屋有很大不同，后者反过来又区别于夸扣特尔人住宅。它们在外形、规模、内部空间安排上都有所变化。比如说，我们可以把委内瑞拉阿托·奥里诺科地区（Alto Orinoco）皮亚罗阿印第安人（the Piaroa Indians）的圆形**楚鲁
阿塔**（churuata）[译注6]与委内瑞拉—哥伦比亚边界的莫蒂隆印第安人（the Motilone Indians）
顶端为半圆拱的方形集体住宅做个对比；它们有完全不同的内部空间组合方式，而后者有三
条狭长通道。在巴西边界，还有另外一种住宅类型，它除了有三条狭长通道，还用棕榈树叶
分割住屋面积[45]。我们已经看到木桩架起的住所和其他类型的住宅共存于马拉开波湖（Lake
Maracaibo）。架桩的住所明显有抵御敌人、蚊虫、动物、毒蛇袭扰的防卫成分。然而同一地
区的其他住宅类型似乎也能解决这些问题。进入架桩住宅的方式差别很大——住宅架在水面
上，会使用船和桥；而架在地面上会使用可以撤走的楼梯，或是动物无法通过的爬梯，比如
有刻痕的树干或刚果的爬梯[46]。

斯洛伐克一些村庄的防卫形式是别处没有的[47]。一种古老的形式在一些地方流传下来，
而在其他临近的地方消失了，这种情况显示出影响力的复杂性。防御式住宅发轫于从阿特
拉斯山区（Atlas Mountains）到苏格兰，它们常常一开始不直接用于防卫，所用的形式也非
常不同。我们仅需要将阿特拉斯的住宅和苏格兰的住宅做个对比，或将圣吉米尼亚诺（San
Giminiano，意大利中北部城市）、博洛尼亚的塔楼和佛罗伦萨的府邸做个对比。博洛尼亚和
圣吉米尼亚诺的塔楼都不仅仅是防卫形式——牵扯的是威望问题。这一地区的其他城镇就没
有发展出这种形式。

总而言之，把防卫当作决定住宅形式的唯一因素时会忽视很多其他因素。而且，**选择**（ch-
oice）因素非常重要，使用什么样的防卫方式就是一种选择。

经济实用 | Economics

经济实用性被广泛应用于解释聚落和房屋形式，它确实很重要。然而根据已有的类似论据，
经济实用性的决定性作用可能会被质疑。在短缺经济的条件下，生存需求和最大限度地利用

资源极其重要，人们期盼这些力量可以发挥巨大作用。但即便在这种条件下，经济力量都不具有决定性影响力，那么认为经济是一种决定性形式的论据就相当可疑了。

即使在短缺经济时代，仍有很多牧羊人和农民住在一起，他们不仅无法接受现成可用的经济资源，而且也轻视资源和使用它的人。巴本加（Babenga，生活在喀麦隆的非洲部族）和俾格米人（the Pygmies，生活在非洲中部部族）相互交换农产品和猎物，却不会放弃各自的生活方式[48]。东部非洲的马塞族人、巴基塔哈人（the Bakitara）、班炎克利人（the Banyankoli）回避他们周边环境的经济潜力，以经济上不合理的方式来使用牲畜，因为它们有重要的社会和宗教意义[49]。因为马塞族人畏惧永久居住，学校不得不被安置在露天场地，传教士说服他们接受永久性的教堂时碰到过很大的困难[50]。

这些人从未想过放弃他们的生活方式。如果这种生活方式被放弃，那可能会转向"更低"的经济水准。比如夏安人（the Cheyenne，居住在俄克拉荷马州和蒙大拿州西部平原的美国印第安人部族），马匹的引入让他们放弃半地下的永久住宅而变成生活在帐篷里的游牧民；他们放弃了农业转向狩猎。按早期进化论者的观点，这几乎是从帐篷到棚屋再到住宅的生物进化的反面，也几乎是经济术语的反面。从这个观点来看，早先提到的希多特萨人非常有趣，他们有两种并存的生活方式和相应的住宅形式，一种一度被看成比另一种更加高级。实际上，和住宅形态一样，经济生活留存有很多古老的痕迹。

既然对于生存而言住宅没有食物那么关键，估计它们受纯粹经济必需品的影响会更小。在安南（Annam，越南古名），农民只要有钱就会造一栋住宅，好看但不舒适，而且**超出了他的财力**（beyond his means）；在那里，昂贵住宅的数量超出富裕家庭的数量[51]。一般而言，既然有同样经济实力的人们可能有不同的道德体系和世界观，既然住宅是一种世界观的表达，那么经济生活对住宅形态并无决定性效果。即便是在原始建造者中，非常典型的是缺乏劳动专业化（风土建造者相对稍好一点），造成这种现象的也可能更多是社会和文化方面的、而非经济方面的因素，专业化的劳动会被轻视。甚至合作建房可能并不是由于经济需求或任务的复杂性，而是由于社会因素造成的。菲律宾宿务的住宅是说明这个情况的一个例子。造得稍微不同一点可能就会更经济，但社会合作、良好意愿、集体村社是主导性因素[52]。

如我们所预估的，同样的经济形态（比如说，在农业）可能会导致广泛不同的农业居住区与住宅的空间安排。法国葡萄种植区展现了集中和分散聚居模式，而居住在卢瓦尔河谷（Loire Valley）种植者的洞穴房屋完全不同于普罗旺斯的住宅。

阿尔伯特·德芒戎（Albert Demangeon）认为法国的农民住宅是一种经济工具，他将住宅形式归结于把人、他的财产和动物紧密联系在一起的需求[53]。但他无法解释为何有多样的途径来满足这一目标。考察一些相同元素组成的农民住宅，可以看到它们如何处理各种不同的需求是件很有趣的事情。

在意大利北部，几乎一样的元素会产生完全不同于法国农民住宅的平面（图 2.8、图 2.9），而瑞士的农民住宅则展示了经济需要的多种要素排列方式——住宅、牲口棚、打谷场（图 2.10）。它们可以归结成两种基本模式，模式之中则有无数的变体。它们不同于德芒戎的案例，尽管要素是一样的[54]。

图 2.8 典型的带庭院的法国农庄平面示意图

图 2.9 典型的带庭院的意大利农庄平面示意图

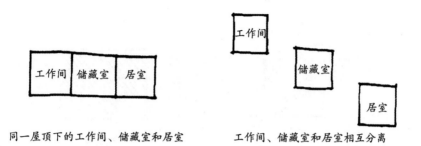

图 2.10 农民住宅中要素划分的两种基本模式（引自 Weiss, *Die Häuser und Landschaften der Schweiz*）

　　所有这些住宅组合证明**储存**（store）是常规的经济需求，尤其是农村住宅。这一需求影响了印加人和普韦布洛人的住宅，也影响了法国农舍，从它们的房屋组群中可以看出这一点。但那些建筑的集聚**形式**（form）不尽相同，这说明需要重视问题的具体方面，而不仅仅是问题的一般特征。如果承认风土房屋是累积建成的，比高雅的封闭形式更能适应变化，那所有这些变化都可总结成一、两种扩建的方式。一种是组群，比如普韦布洛人和印加人的**马卡**（*marca*）、意大利和法国的农民住宅、新英格兰的农民住宅（图 2.11）。另一种则是内部的分割，比如古代的希腊住宅或者某些瑞士农村，增加空间是通过墙内的再分隔而不是扩建来完成（图 2.12）。

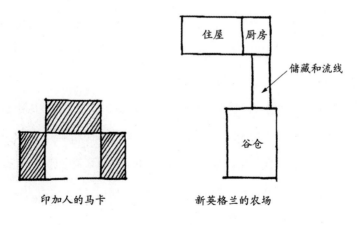

图 2.11 自由轮廓中，聚集（加法）作为住宅和农舍空间分化的一种方式。

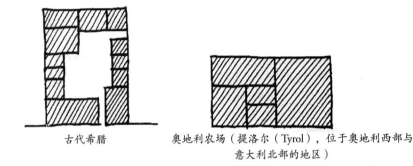

古代希腊 　　　　奥地利农场（提洛尔（Tyrol），位于奥地利西部与
意大利北部的地区）

图 2.12　固定轮廓中，内部分隔（减法）作为住宅和农舍空间差异化的一种方式。

　　所有这些变化都会涉及一个因素，即社会组织，在经济基础相似的社会，其社会组织并不相同。但仍要再强调一次，这也不能完全解释这些差异性。比如说，大家庭（extended family）可以解释组群（grouping）的出现，但不能解释为何要采用这种形式。斯拉夫国家的集体群组，比如扎德鲁加（Zadruga，古代南斯拉夫人的家庭公社）完全不同于卡比利亚的集体形式和一般的阿拉伯形式；加利福尼亚西南坡莫印第安族群和普韦布洛的族群差异也很大，两者又都和易洛魁人的长屋相差很大。

　　甚至对于经济基础依赖**流动性**（mobility）的游牧民族，其住宅形式会受流动性影响，即便如此，他们也使用变化多样的形式。蒙古人的蒙古包、西藏人的六角帐篷、各式各样的阿拉伯帐篷、圆锥形顶棚，还有沿太平洋沿岸西北地区（Pacific Northwest）印第安人结实但可移动的木屋，都各不相同。很明显，即使流动性是经济生活的一个关键因素，也仍不足以解释住宅**形式**（form），尽管它带来巨大的约束。

　　热带森林的半游牧农民刀耕火种开辟出临时农田，因为土壤肥力迅速耗尽，他们不得不定时迁移，其住宅形式从大型公屋到各式各样的小型单体都发生了变化。因为所有人的经济行为相似，不同的住宅形式折射出他们所想象的不同生活环境。图 2.13~ 图 2.20 对比了半游牧人的住宅和聚落。这种聚落模式没有按比例绘制，他们大部分基于语言描述绘制。但即便是以相同比例绘制，多数情况下它们也是基于语言描述绘制。

聚落模式　　　　　　　　　　　　住宅

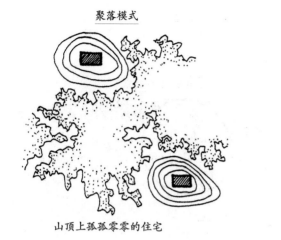

40 英尺（约 12 米）

18 英尺（约 5.4 米）

山顶上孤孤零零的住宅

竹墙
3 间类似的房间——
每个房间包括有火塘、床和圣坛

图 2.13　苗人（the Meo，东南亚）

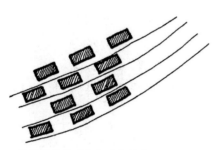

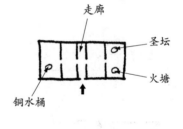

走廊

圣坛

火塘

铜水桶

沿等高线排列住宅的小村庄

图 2.14　曼人（the Man，东南亚）

"谈话"屋（"palaver" house）[译注7]

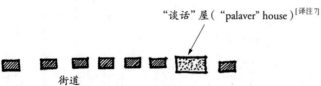

街道

村庄可能融合起来，如果是这样，
边界就是每个村庄都有的"谈话"屋。

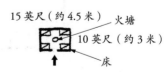

15 英尺（约 4.5 米）　火塘

10 英尺（约 3 米）

床

图 2.15　方人（the Fang，非洲）

聚落模式   住宅

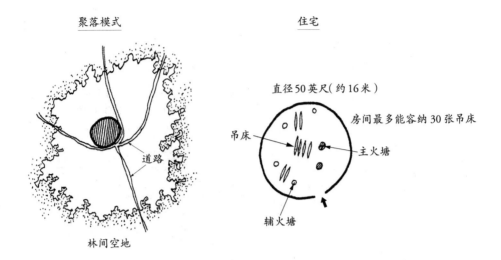

图 2.16 皮亚罗阿人（南美洲）

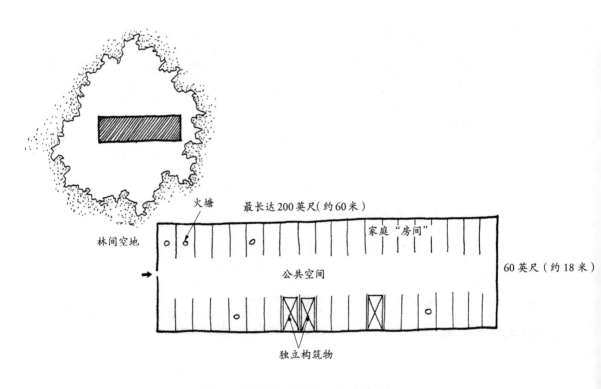

图 2.17 贾马狄人（the Jamadi，南美洲）

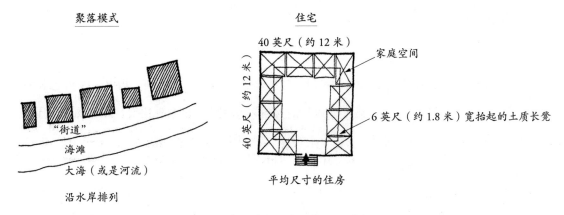

图 2.18 夸扣特尔人（北美洲西北部）

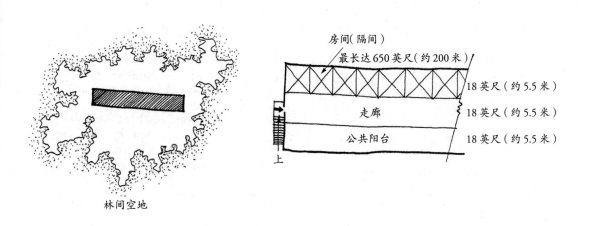

图 2.19 达雅克人（the Dyaks，婆罗洲）

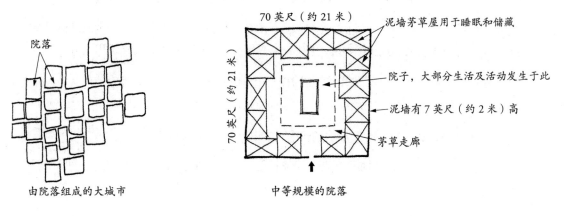

图 2.20 约鲁巴人（the Yoruba，非洲）

即使在现代美国房屋中，经济因素似乎对它们有支配性，但也已有人指出，19 世纪出现的芝加哥高层建筑因为地基基础问题和其他一些因素并没有经济合理性 [55]。每个城镇都想要有幢高楼也是一个威望的问题。这些方方面面一直影响着很多地区的住宅。

宗教 | Religion

同样，存在着一种反物质决定论，可能是对住宅主题中相当普遍的物质决定论的抵制。这种决定论忽视了一整套完整而重要的物质因素，而将住宅形式归因于宗教。让－皮埃尔·德方丹和菲茨罗伊·理查德·萨默塞特（Fitzroy Richard Somerset，第四代拉格兰男爵，4th Baron Raglan）将这一观点阐述得淋漓尽致 [56]。

萨默塞特的立场更极端，他将之总结为"住宅的神圣性" [57]，并有效地证明住宅不只是庇护所。很明显，至少这种另类观点同物质导向的、将住宅解释为庇护所的观念一样，解释了住宅的许多层面。但是，当试图将所有事物都归因于某个单一原因时，宗教观点显得过于简单。认为所有住所都有象征和宇宙论的因素，认为它不仅仅是"维持新陈代谢平衡"工具是一回事；认为它们的建造仅仅出于宗教目的，建造的是一座神庙，既不是庇护所也不是住宅，则是另一回事。

再者，即便是被广泛接受的一般观点也无法对形式和需要考虑的细节做出合理解释。即便我们承认住宅是女人的领域而且基本和她有关，男人因此而拜访女人，上她的床 [58]， 实际上现实的形式和手段很不相同。单是宗教自身无法解释这种情况，因为这里必然涉及其他的影响力—甚至今天美国和英国住宅中男人和女人的领域有很多差异的现实仍在加强这一观点 [59]。同样，门槛和入口的神圣性以及因此而产生的神圣和世俗的领域分离也可以通过使用各种各样变化的形式来达到。

德方丹确实简要提到了物质力量的作用，因此他比萨默塞特更平衡一些。但是，因为他只聚焦于宗教方面，并提出数量惊人的材料来支撑他的论点，即宗教就是景观、聚落模式、城市、住宅、人口、种植以及流通形式的决定因子，他给出的是一个相当扭曲的观点。

他认为人和动物都需要庇护所、一个储藏东西的场所、一个微气候环境，但只有人类有精神方面的追求，这是人独一无二的，也让他的建设区别于鸟巢、蜂巢、蚁穴。这一观点令人信服[60]。住宅有很多具备神圣功能的实例。在有些文化中，人一旦被驱逐出他的住宅就等同于和他的宗教分离开。对很多人而言——古罗马、新喀里多尼亚、柬埔寨、安南、中国——住宅是唯一的庙宇。住宅不仅是古代中国人的日常宗教（对比于官方宗教）的唯一庙宇，而且和它相关的所有事物都很神圣——屋顶、墙体、门、火塘、井。在有些地域，比如柬埔寨，让陌生人进入住宅是亵渎神圣；在非洲，住宅首先是精神的，是人和祖先及土地之间的联系。而在很多住宅中，重要的居民是看不见的，他们是自然之外和超自然的存在。对游牧人群来说，帐篷是神灵的住所（这可以解释前面提到的对住宅的恐惧），帐篷常被篱笆围住以界定半神圣的场地（比如柏柏尔人的泽里巴（Zeriba）[译注8]）。篱笆既分割了神圣和世俗，同时也用于防卫[61]。

宗教影响了形式、平面、空间排列及住宅的朝向，可能也影响了圆形和方形住宅的形成。造成一种文化从未拥有圆形住宅的缘由可能是朝向宇宙的方位——一个圆形的住宅不容易确定朝向。在非洲，圆形和方形住宅的分布和宗教的分布相关。住宅朝向并不重要的实例也很多，比如祖鲁人，使用圆形的住宅，可以一条直线都不出现。一个极端的对比是马达加斯加的特拉诺（*Trano*，意为"房子"），这种房屋严格按照轴线和天文学规则定位。

住宅的许多其他方面——不管它是建在木桩上，还是地下，不管它是否需要特别的空间设备来驱赶或控制恶灵——这些都可被归结到宗教层面。同样，宗教的影响可从既定地域的聚落模式及其变化上体现出来。同新赫布里底群岛的农村，巴西、危地马拉的周日村庄（Sunday villages）[译注9]一样，如果结合宗教因素可以更好地理解中国农村。供行经妇女使用的特殊地下住宅，比如内兹帕斯印第安人（the Nez Perce Indians，北美印第安人部族），也只有通过宗教因素才能解读。

但认为住宅的所有方面全部由这个单一变量来决定是错误的。这种过于简单，近乎决定论的方式是这一观点的最大弱点。但这种观点似乎比物质决定论提供更多的真知灼见。我们开始意识到所有事物，包括住宅，都能体现象征意义——所有的宇宙都是一个潜在的象征[62]。因为存在一个象征选项，宗教作为住宅形态的一种解释因子更为可能，比起形式的物质解释，其决定论色彩没有那么明显。

对物质决定论的广泛批评 | General Criticism of the Physical Determinist View

前面章节表明，在提出其他观察住宅形式的方法前，对通常的决定论立场，尤其是物质决定论观点作一番讨论很合适。看上去相似的原因导致多种多样的结果，而相似的结果似乎源自完全不同的原因，鉴于这些，仍然需要这样的讨论。

通常，文化地理学已经偏离物质决定论。德方丹的书总体上都在质疑决定论的立场，因为他指出大部分原始甚至前工业时代的人们重视宗教，在最广义的层面上，这种重视超过了对物质和舒适的关心。他的观点是对"原始建筑能完全以它们的物质要素来破解"这一严格意义上属于功利主义观点的有效抵制[63]。

索尔指出，一个重要的文明出现在北美西北海滨，而不是塔斯马尼亚或南美的西部海滨，尽管这些地方都存在相同的自然环境[64]。可能性是相同的，但既然存在相同的可能性，**那就意味着不存在物质决定论**（there can be no physical determinism）。事实上，白兰士、吕西安·费弗尔（Lucien Febvre）、马克斯·索尔、让·白吕纳（Jean Brunhes）所代表的地理学派被称为"可能性学派"（possibilist），因为他们强调物质环境只提供可能性而不是绝对必然性。人，而非场地和气候，发挥决定性作用。这种状况适用于文化地理和经济生活的多个层面，同样也适用于住所和聚落。形式的多样性强烈地表明，基地、气候、材料既无法决定生活方式，也无法决定人居模式。世界各地都能举出各种实例表明住所和聚落不是物质力量作用的结果，特别是，有些地方常常出现形式变化但物质因素没有改变的现象。

芒福德的论点是所有质疑物质决定论的很好起点，他认为在成为工具制作者之前，人首先是一种制作符号的动物；在文化的物质方面实现专业化之前，他首先在神话、宗教、仪式上形成专业化；在实现精确劳作之前，他首先实现了仪式上的精确性。即使只是刚开始，人们也会将自己的能量投入象征形式而不是使用形态上。可能在考量原始住宅形式时需要采取一种非物质的态度，因为歌曲、舞蹈和仪式都比工具要高级[65]。

从这个观点来看，人的成就更多归因于他需要利用内部资源，而不是需要控制物质环境与获得更多食物。芒福德提出，符号的首要性在于符号诗意而神秘的功能，不是它的理性和实际用途。这可以解释为何在澳大利亚和新几内亚这样的原始地区土著语言有如此巨大的多样性。比较不同时代技术条件下的拉斯科（Lascaux）[责编注1]和阿尔塔米拉（Altamira）[责编注2]艺术，这种神秘功能的重要性会让每个来访者对这些场所深感震惊[66]。

如果我们比较雷德费尔德和维尔·戈登·柴尔德（Vere Gordon Childe）的史前史观点，会出现类似的方法对比。雷德费尔德强调道德秩序比原始社会的技术秩序更重要，他质疑柴尔德非常唯物主义的观点。雷德费尔德指出，早期社会大多是伦理社会，而他们的道德秩序强过于他们的技术秩序[67]。

我已经解释过人们高度成熟的仪式生活和相当贫弱的物质文化。确定原始人实际上在仪式生活和活动上花费多少时间是很有趣的事情[68]。当然，原始和农业社会的人们认为**大部分**（most）活动本质上都是仪式性的。在很多案例中，让这些人和其他人区别开来的不是他们的物质生活——物质生活往往变化很小——而是他们的仪式生活，而这一切则必然反映在他们的房屋中，这一点我会在第三章中努力证明。比如说，新几内亚的科纳部落（Kona tribe），处于石器时代而且非常原始，但宗教和原始生活非常复杂，以至于有仪式舞蹈需求的特殊村庄要根据特殊的平面来建造（图 2.21）[69]。

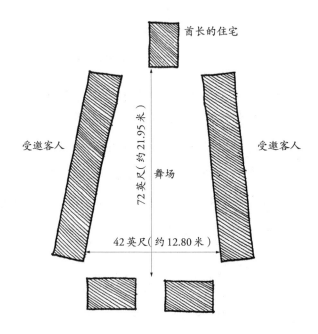

图 2.21 新几内亚隆匹拉人（the Ronpila）用于舞蹈仪式的特殊村庄的平面示意图
（引自 *Aspects de la Maison dans le Monde*, p. 66）

图 2.22 新几内亚卡拉巴部落（Kalaba tribe）男人们宏伟的仪式房和女人的住所。
每个地域的仪式房各不相同，但都同样宏伟（引自 Jean Guiart, *Arts of the South Pacific*, p.42）

人们经常强调南太平洋的贫穷状态，但这里的村庄非常重视仪式大道和带有舞蹈场地的大型住宅。这些为主要仪式所造的住宅非常巨大且精巧，常常超过 300 英尺（约 90 米）长，有不同的屋顶形式和细部、精巧的入口门厅（图 2.22）。里面，两厢住着相互通婚的群体。每边厢房都有自己的炉灶，社群里有多少不同分隔空间就会有多少不同的父系群体，不同级别的成员有不同的分隔 [70]。每一个分隔收藏着一个群体的崇拜物，在隔间很远处的端头有片墙体围合的区域，存放着一件特殊的圣物，而只有村子的头领才能进入这个区域。

在这些低端，甚至是只维持基本生存的经济体中，强调象征性胜过了功用。这个事实表明，当经济出现丰裕和剩余时，这种对象征的强调更有可能——但这并非必然，而仅仅是可能的。和任何其他单一决定因子一样，这种排他的而且必然的文化因素的作用不能成立。我们需要承认一个有效的中间立场。在最终的分析中，需要考量多重因素是抵制各种决定论观点的主要根据。富裕的社会可以将它们的剩余投入象征物上，但可能并不想这样做，因为他们的价值尺度发生了变化，象征价值不像在原始社会中那么重要。而在原始社会中，附着于象征物上价值的实例很明显。比如，有个生活在 1772 年因纽特妇女的实例。她遭抛弃，正努力独自生存下去。当被人发现时，她在做着制作艺术品、装点衣服这样的事情。一方面因纽特人不得不将生活需求减小到最低程度的必需品上，而同时，艺术和诗歌仍是那种生活的基本成分 [71]。

注：

[1] L. Bruce Archer，*Systematic Methods for Designers*, reprinted from articles in *Design*（Great Britain）during 1963-1964（Nos. 172, 174, 176, 181, 188）with revisions, Part 2, p. 2. 也可参见 Barr Ferree，"Primitive Architecture," *The American Naturalist*, XXIII, No. 265(January 1889), pp. 24-32, 其中第 24 页是这样叙述的："食物和遮蔽构成了原始人第一位而且是首要的需求，为满足这样的需求，他投入了自己的潜能"，在第 28 页他提到，"寒冷的气候促成共同的生活"，等等。

[2] N. Schoenauer and S. Seeman, *The Court Garden House*（Montreal: McGill University Press, 1962）, p. 3. 也可参见 Eglo Benincasa. *L'Arte di habitare nel Mezzogiorno*（Rome: 1955），此书持有气候决定论的观点，认为合院住宅是一种南方的形式，而壁炉则属于北方。

[3] J. H. Steward, ed., *Handbook of South American Indians*, Vol. 1（Washington: U.S. Government Printing Office, 1964）, pp. 110, 120, 137.

[4] Lord Raglan, *The Temple and the House*（New York: W. W. Norton & Company, Inc., 1964）, Chaps. 5-8, pp. 42 ff. 也可参见 *Aspects de la Maison dans le Monde*（Brussels: Centre International d'étude Ethnographique de la Maison dans le Monde）, p. 14.

[5] Edmund Carpenter，"Image Making in Arctic Art," in *Sign, Image, Symbol*, ed. Gyorgy Kepes, pp. 206 ff. 特别参见第 221 页："以其了不起的对环境决定论的蔑视，因纽特人打开而不是封闭空间。当然，他们必须创造闭合领域，但不是诉诸盒子，他们建造了复杂的多房间冰屋，这一空间的维度和自由度和云一样多。"（New York: George Braziller, copyright © 1966. Reprinted with the permission of the publisher.）

[6] Jean Guiart, *Arts of the South Pacific*, trans. A.Christie（New York: Golden Press, 1963）, p. 10.

[7] Amos Rapoport, "Yagua, or the Amazon Dwelling," *Landscape*, XVI, No. 3（Spring 1967）, pp. 27-30.

[8] Willard Price, *The Amazing Amazon*（New York: The John Day Co., 1952）, p.180.

[9] Bruno Taut, *Houses and People of Japan*, 2nd ed.（Tokyo: Sanseido, 1958）, pp. 12, 70, 219-220. 也可参见 Pierre Deffontaines, *Géographie et Religions*, 9th ed.（Paris: Gaillimard, 1948）, p. 28. 在书中他对比了同一气候带上，缺乏取暖的日本住宅和有大炕（炉子）的中国住宅。

[10] 参见 E. T. Hall, *The Hidden Dimension*（Garden City, N.Y.: Doubleday & Co., 1966）, pp. 144, 151-152.

[11] Jean Gottmann, "Locale and Architecture," *Landscape*, VII, No.1（Autumn 1957）, p. 20.

[12] Pierre Deffontaines, *Géographie et Religions*, p. 40.

[13] *Aspects de la Maison dans le Monde*, pp. 95, 97.

[14] Bruno Taut, *Houses and People of Japan*, pp. 70, 205. 有趣的是，可以注意到早在 1938 年布鲁诺·陶特就曾经加以观察评论。直到今天，仍然可以在斐济、马来亚、南美和其他地方观察到这一过程。

[15] Pat Crooke, "Communal Building and the Architect," *Architects' Yearbook 10* (London: Paul Elek, 1962), pp. 94-95.

[16] R. J. Abraham, *Elementare Architektur* (Salzburg: Residentz Verlag, n.d.), 3rd page of Introduction. 作者的译文。

[17] 与一位伯克利加州大学学生的个人交流。在派尤特印第安人(the Paiute Indians, 北美印第安人的一支，分布在美国内华达州和亚利桑那州)那里，我们同样发现从露天庇护所和挡风墙到工艺精湛的蒸汗屋全套的形式变化。

[18] Siegfried Giedion, *The Eternal Present*, Vol.2, *The Beginnings of Architecture* (New York: Pantheon Books, 1964), pp. 514-515.

[19] 在海地南部靠近莱凯(Les Cayes)的海滨，距瓦什(Ile à Vache)很近的一个小岛上。从我的一个学生，阿兰·克拉森(Alan Krathen)拍摄的照片中，我发现了这种状况。

[20] 参见 Raglan, *The Temple and the House*, p. 123. 也可参见 J. B. Jackson, "Pueblo Architecture and Our Own," *Landscape*, III, No.2 (Winter 1953-54) 21ff. 在书中他指出（第 21 页）普韦布洛的印第安人有能力给基瓦罩上屋顶，但仍执著于 7×12×20 英尺（约 2×3.6×6 米）的小房间。如果想要更大的房间，他们会使用更多的房间，因此普韦布洛部落成为许多基本单元的增殖。在这里，木材的匮乏显然起到一定作用，但这不是决定性因素，因为如果人们愿意，可以使用支柱这样的构件，就像在伊朗那样。

[21] Deffontaines, *Géographie et Religions*, p.17.

[22] A. H. Brodrick, "Grass Roots," *Architectural Review*, CXV, No. 686 (February 1954), p.110.

[23] Taut, *Houses and People of Japan*, pp.110 ff. 斜度的变化从最平缓的到 40°、60° 不等。也可参见 Richard Weiss, *Die Häuser und Landschaften der Schweiz* (Erlenbach-Zurich: Eugen Rentsch Verlag, 1959), pp. 67, 68-69，书中指出，不同材料屋顶的斜度相同，或同一材料——茅草——的斜度不一样。但是，屋顶斜度是一个重要和标志性的元素，常常被用来分类。

[24] Taut, *Houses and People of Japan*, pp. 130-131, 217 ff.

[25] C. Papas，*L'Urbanisme et L'architecture populaire dans les Cyclades*（Paris: Dunod, 1957），pp. 143-144.

[26] 参见 E. E. Evans-Pritchard, *The Nuer*（Oxford: Clarendon Press, 1960），pp. 57, 63-65 以及罗伯特·雷德费尔德在 *The Little Community*（Chicago: University of Chicago Press，1958），pp. 30-31 中对此观点的评判。也可参见 Lucy Mair, *Primitive Government*（Harmondsworth, Middlesex: Penguin Books,1962），pp. 22-25。书中讨论了东非的努尔人、丁卡人（the Dinkah）、阿鲁亚克人（the Anuak）以及西鲁克人（the Shilluk），她将它们的聚落模式几乎完全归结于场地，特别是躲避洪水的需要。

[27] 尽管人们试图把他们迁往更"恰当合理的"场地，但在战后、灾后等也有在同一场地重建城镇和村子的实例。

[28] J. B. Jackson, "Chihuahua—As We Might Have Been," *Landscape*, I, No. 1（Spring 1951），pp. 14-16.

[29] David Sopher, "Landscape and Seasons—Man and Nature in India, " *Landscape*, XIII, No. 3（Spring 1964），pp. 14-19.

[30] Peter Anderson, "Some Notes on the Indigenous Houses of the Pacific Islands， " *Tropical Building Studies*, University of Melbourne（Australia），II, No. 1, 1963.

[31] L. Febvre. *La Terre et L'évolution Humaine*（Paris: La Renaissance du Livre, 1922），pp. 432-438.

[32] 例如参见 Rapoport, "Yagua, or the Amazon Dwelling," pp. 27-30，在秘鲁的伊基托斯地区，可以发现住宅建造在热带丛林中的空地、水滨，或者是漂浮的。也可参见 G. Gasparini, *La Arquitectura Colonial en Venezuela*（Caracas：Ediciones Armitano,1965），pp. 22-23, 33, 36，在这本书中，我们可以发现在这一地域的马拉开波湖及其他湖畔附近，既有丛林空地可以容纳 300 人的公共住宅，也有湖滨附近大小村庄中散落的住宅，湖中则有建在桩子上的住宅。

[33] Deffontaines, *Géographie et Religions*, p. 23，指阿德米勒尔蒂群岛（Admiralty Islands，西南太平洋群岛）上的耕作者和工匠。

[34] 对比 Max Sorre, *Fondements de la Géographie Humaine*（Paris：Armand Colin，1952），pp.202-206, 一书中有关场地、海拔、城市等方面的叙述以及 L. Febvre, *La Terre et L'évolution Humaine*, pp. 411 ff.，建造在相似场上的城市（苏黎世、卢塞恩、特隆（Thonne）、日内瓦、威尼斯、阿姆斯特丹、但泽）显现出极大的不同。

[35] 引自 L. Febvre, *La Terre et L'évolution Humaine*, p. 414。作者的译文。

[36] Deffontaines, *Géographie et Religions*, p. 101. 比如说，比较巴西和秘鲁的高原，卡比利亚和日本的山区。

[37] 哥伦比亚大学教授查尔斯·伊萨维（Charles Issawi）发表于中东城市设计会议（Conference on Middle East Urbanism）上的论文，加州伯克利大学，1966 年 10 月 27—29 日。和房屋有关的，可参见 Vincent Scully, *The Earth, The Temple and The Gods*（New Haven: Yale University Press,1962），pp. 22, 26，书中作者叙述了不同时期是如何找寻场地的。

[38] Dan Stanislawski, *The Anatomy of Eleven Towns in Michoacan*, The University of Texas Institute of Latin American Studies X（Austin: University of Texas Press, 1950），especially pp. 71-74.

[39] Sorre, *Fondements de la Géographie Humaine*, pp. 67 ff., 70. 必须强调的是住宅和聚落都受到场地自然条件的影响。

[40] Sorre, *Fondements de la Géographie Humaine*, pp.73-76.

[41] R. W. Hutchinson，*Prehistoric Crete*（Harmondsworth，Middlesex：Penguin Books，1962），pp. 161, 163.

[42] 参见 J. B. Jackson, "Pueblo Architecture and Our Own, "*Landscape*, III, No.2（Winter 1953-1954），p. 23. 文中，约翰·布林克霍夫·杰克逊（John Brinckerhoff Jackson）认为，普韦布洛建筑不是堡垒，而是象征性地保护神圣房间。

[43] 参见 Beguin, Kalt et al., *L'habitat au Cameroun*（Paris: Publication de l'office de la recherche scientifique outre mer, and Editions de l'Union Française, 1952）. 书中喀麦隆住宅案例多样而且富有变化。

[44] Deffontaines, *Géographie et Religions*, p. 114，和图腾崇拜的氏族结构关系更密切，而路易斯·亨利·摩尔根（Lewis Henry Morgan）则赋予它完全不同的属性，他评价了大量北美公屋的形式。这些收录在他的 *Houses and House Life of the American Aborigines*（originally published 1881；republished Chicago:University of Chicago Press, Phoenix paperback, 1965）。就我们所看到的，新几内亚和大洋洲的公共住屋一般都有宗教的驱动因素。

[45] Gasparini, *La Arquitectura Colonial en Venezuela*, pp. 20-21, 22, 23, 35, 36.

[46] 曾经有人根据气候解释架桩住宅——它们利于通风，或根据场地解释——它们利于避免洪水；它们也有助于捕鱼、供水、废物排放，也会有人给出宗教方面的解释。这里形式决定因子的复杂性又一次显露出来。树屋曾在很多国家被使用过，比如马来西亚、印度中部，似乎首要目的是防卫，但里面可能也牵扯到宗教和神话的成分。

[47] I. Puskar and I. Thurzo, "Peasant Architecture of Slovakia," *Architectural Review*（February 1967）, pp. 151-153.

[48] L. Febvre, *La Terre et L'évolution Humaine*, p. 302. 在居住方面, 盎格鲁—撒克逊人的行为中有一种类似情形。他们并不在所发现的罗马人的奢华别墅中居住, 而是毁掉它们, 在附近建造相当原始的木头小屋。可参见 Steen Eiler Rasmussen, *London: The Unique City*, 3rd ed.（Harmondsworth, Middlesex: Penguin Books, 1960）, p. 22.

[49] 参见希拉·爱波斯坦（Hila Epstein）, 在他的 "Domestication Features in Animals as a Function of Human Society" 一文（*Readings in Cultural Geography*, eds. Philip L. Wagner and M. W. Mikesell（Chicago: University of Chicago Press, 1962）, pp. 290-301.）中很多人持有这样的价值观；比如说, 南亚的托达人（the Toda）, 参见 Deffontaines, *Géographie et Religions*, pp. 197-198, 229 ff. 以及 Redfield, *The Little Community*, p. 25.

[50] Deffontaines, *Géographie et Religions*, p. 77, fn. 4. 贝都因人蔑视城市居住者, 他们对 "屋顶有一种莫名其妙的恨意, 对住宅有一种宗教般的厌恶"。也可参见, 耶利米书 35: 5-10, 论及利甲族人（the Rechabites）肯定不会造住宅而总是一直生活在帐篷中。

[51] Deffontaines, *Géographie et Religions*, p. 16.

[52] D. V. Hart, *The Cebuan Filipino Dwelling in Caticuyan*（New Haven: Yale University Southeast Asian Studies, 1959）, p. 24. 也可参见 Robert Redfield, *The Primitive World and Its Transformations*（Ithaca, N.Y.: Cornell University Press, 1953）, p. 11. 书中, 他不赞同维尔·戈登·柴尔德有关合作本质上是经济行为的论断, 并引用卡尔·波兰尼（Karl Polanyi）"经济融入社会关系"（economy submerged in social relations）的陈述, 他认为, 事实上原始社会和前文明社会的经济状况基本上并不经济。

[53] Albert Demangeon, "La maison rurale en France—essai de classification," *Annales de Géographie*（September 1920）, pp. 352-375.

[54] Richard Weiss, *Die Häuser und Landschaften der Schweiz*, pp. 176-177, 179, 184-186, 189, 198, 236, 243 ff. 也可参见 Sorre, *Fondements de la Géographie Humaine*, pp. 135, 139.

[55] Martin Meyerson, "National Character and Urban Form," *Public Policy*（Harvard）XII, 1963.

[56] 让·皮埃尔·德方丹在《地理与宗教》（*Géographie et Religions*）中, 研究了宗教对地理各方面的影响；再有拉格兰男爵（Baron Raglan）的《宗教和住宅》（*The Temple and the House*）。也可参见米尔恰·伊利亚德的《神圣与世俗》（*The Sacred and the Profane*, New York: Harper & Row, 1961）。

[57] Baron Raglan, *The Temple and the House*, Chap. 1 and p. 86.

[58] Baron Raglan, *The Temple and the House*, p. 35 ff.

[59] E. T. Hall, *The Hidden Dimension*（Garden City, N.Y.: Doubleday & Co., 1966）, p. 133.

[60] E. T. Hall, *The Hidden Dimension*（Garden City, N.Y.: Doubleday & Co., 1966）, pp. 12, 15-16.

[61] Deffontaines, *Géographie et Religions*, pp. 16-17. 也可参见 *Aspects de la Maison dans le Monde*, p.14; 常见的将月经期的妇女逐出住宅的习俗也暗示了它的神圣性。

[62] Carl Jung, *Man and His Symbols*（Garden City, N.Y.: Doubleday & Co., 1964）, p. 232.

[63] Sir Herbert Read, *The Origins of Form in Art*（New York: Horizon Press, 1965）, p. 99.

[64] Max Sorre, *Fondements de la Géographie Humaine*, Vol. 3, p. 11.

[65] Lewis Mumford, *Art and Technics*（New York: Columbia University Press, 1952）and "Technics and the Nature of Man," in *Knowledge Among Men*, ed. S. Dillon Ripley（New York: Simon and Schuster, 1966）. E. R.Service, *The Hunters*（Englewood Cliffs, N.J.: Prentice-Hall, Inc., 1966）, p. 2, E. R. Service 对比狩猎文化的简朴以及他们的礼仪、宗教、艺术、家庭、友谊和亲缘规则，这些比我们文化中的相应制度要复杂得多。

[66] 随着考古挖掘进展，发现了宗教活动的证据。住宅和帐篷展现出祭祀活动和其他艺术的基础。直到举行完祭祀仪式，人们才会进入一个房间和帐篷。例如参见 *Archeologia*（Paris）, No. 4（May-June 1965）pp. 18 ff., 描述了一个距今 20000 年的硝石洞穴，在搭建和拆卸帐篷时都会举行仪式。挖掘者相当动人地讲述了正在进行祭祀仪式时，人们却长久伫立在狂风暴雨中的情形。

[67] 参见 Redfield，*The Primitive World and Its Transformations*, and V. Gordon Childe, *What Happened in History*（Harmondsworth, Middlesex: Penguin Books, 1961）。

[68] 实际上，E. R. Service, *The Hunters*, p. 13 记述了原始人花在食物采集及其相关活动上的时间非常少以及他们复杂的仪式性食物分享体系。

[69] *Aspects de la Maison dans le Monde*, pp. 58-59, 65-66.

[70] Jean Guiart, *Art of the South Pacific*, pp. 35-36, 38, 132.

[71] 参见 E. Carpenter in G. Kepes, ed., *Sign, Image, Symbol*, p. 206.

译注：

[译注 1]　居住在柬埔寨和越南中部的民族。

[译注 2]　Altiplano 西班牙语意为"高原"，此处特指南美大陆安第斯山脉中段最西面的高原。

[译注 3]　普韦布洛印第安人使用的大地穴，圆形或方形的地下房屋。

[译注 4]　scherm 是南非用树枝、粗帆布、兽皮搭成的棚屋。

[译注 5]　加纳中部行政区。

[译注 6]　印第安人的传统公共生活区。

[译注 7]　palaver 指历史上非洲土人和欧洲商人之间的交涉、谈判、讨论，也指一般的空谈或闲聊。

[译注 8]　北非东部用荆条临时搭建的篱笆。

[译注 9]　每周日的乡村市集。

责编注：

[责编注 1]　保存了丰富多彩的史前绘画和雕刻的法国石灰岩溶洞，距今 1.5 万~1.7 万年。

[责编注 2]　保存有公元前 3 万年至公元前 2 万年间古老岩画的西班牙石窟。

第三章　社会文化因素与住宅形式

Chapter 3　Socio-Cultural Factors and House Form

基本假设 | The Basic Hypothesis

住宅采用不同形式是一个复杂的现象，任何单一的解释都不充分。然而，所有适当的解释都围绕一个主题而变化：人们用不同的态度和理想来回应各式各样的物质环境。因为社会、文化、仪礼、经济、物质因素相互作用造成了变化和差异，这些回应和要素从一个场所到另一个场所会有差别。在同一个场所，这些要素和回应也可能随着时间流逝而逐渐改变；然而，缺少急速改变并保持形态持续性是原始和风土住所的特征。

住宅是习俗而不只是构造物，人们创造它以满足复杂的目的。建造住宅是个文化现象，因此它所处的文化环境强烈地影响着它的形式和组织。有史记载的早期时代，住宅对于原始人就已不只是庇护所。而且从一开始，"功能"就包含了比物质和实用概念多得多的内涵。宗教仪式几乎总是出现在住宅奠基、建造和投入使用之前，或相伴相随。如果提供庇护是住宅的一个被动功能，那其主动目的在于创造一个最适于人们生活方式的环境——换句话说，就是一个空间的社会单元。

前面已经提到，形式分类，甚至经济、场地、气候、材料、技术的分析价值有限。需要对住宅的物质层面和社会—文化层面加以考虑，但首先要强调后者。一旦领会了一种文化的特性（identity）和性格（character），那么对它的价值、对它的选择——面对物质和文化的变化因素时，挑选出可能的居住回应方式——的洞察会清晰很多。同时需要考虑文化的独特特征，比如，被认可的做事方式、社会不认可的方式、隐含的理想（ideal），因为它们影响了住宅和聚落的形态；这里既有隐约难辨的微妙之处，也有很明显与实用的特征。很常见的是文化要么明确、要么含蓄地以禁忌使某事**不可能**（impossible），而不是使之不可避免（inevitable）。这一点非常重要。

既有的解决方法和适应方式不会单单因为它们有可能就总会一直出现。物质环境存在可能性，而禁忌、风俗、传统文化方式对这些可能性做出选择。即便有大量的物质可能性，实际的选择可能严格受制于文化母体；这种限制可能成为某种文化中的住所和聚落的最典型特点。

那么，我的基本假设是，住宅形式不仅仅是物质力量或任何单一原因作用的结果，而是最广义层面的、大范围的社会文化因素的作用结果。形式反过来被气候条件加以调整修正（物质环境让某些事物成为不可能而促成了其他一些事物），同时被建造方式、可用材料和技术（实现所欲求环境的工具）调整修正，我会称社会文化因素是首要的，而其他因素是次要的或调整修正性的。

鉴于某种特定的气候条件、获得特定材料的可能性以及既定技术水准的建设能力和限制，最终决定住所形态并且塑造空间及其之间关系的是人们对理想生活的想象。被塑造的环境反映了许多社会—文化力量，包括宗教信仰、家庭和宗族结构、社会组织、营生方式、个体间的社会关系。这就是为什么解决方法比生物需求、技术手段、气候环境更变化多样，为什么同一种因素在一种文化中的支配性更强而在其他文化中则较弱。房屋与聚落上清晰可见地表达出生活不同侧面的相对重要性以及感知现实的各种方式。住宅、村庄、城镇表达了社会共有某种普遍认同的目标和生活价值的事实。原始和风土房屋的形式很少是个人欲求的结果，更多是一体化的群体关于理想环境目标和欲求的结果。它们因此拥有象征价值，因为象征让一种文化的理念和感受更加具体。与此同时，相对于其他人造物，住宅形式还受到气候影响力、场地选择、材料和建造技术的选择与获取可能性的影响。

这种背景下，社会—文化力量可以被理解成许多不同的形式，马克斯·索尔用**生活模式**一词来涵盖影响形式的文化、精神、材料及社会所有的方方面面。我们可以认为住宅和聚落都是**生活模式**的物质表达，这种表达构成了它们的象征本质。

我会进一步认为，罗伯特·雷德费尔德使用的**文化**（culture）、**社会风气**（Ethos）、**世界观**（world view）、**民族性格**（national character）的概念加在一起构成了**生活模式**的社会—文化要素，他是这样定义的：

文化——一群人理念、制度、习俗活动的总体素养；

社会风气——有序的行为准则观念；

世界观——人们看待世界的特有方式；

民族性格——一群人，这一社会中一类人普遍的个性类型[1]。

正是世界观、不同意象、价值系统的共享使第一章描述的风土建造过程成为可能，同时也让房屋间保持着良好的关系，这也是城市设计的主题。

各种以物质技术需求和限制来解释形式和关系的尝试，会对下面的事实失去把握——甚至是这些影响力、限制条件和能力自身都是文化风气的作用结果，这种文化风气的作用先于物质的、可见的变化。一个住宅是一个**人文**（human）事实，即便在最苛刻的物质限制和有限技术条件下，人们建造的方式仍很多。造成它们的原因只能是含有文化价值的**选择**（choice）。即便有各种各样的经济和地理限制，人生理的、身体的、心理的构造，物理和结构的知识规律，总会在其中存在着大量的选择。特别是，人有强烈的"将发生在他身上的各种事情象征化的倾向，然后又再回应这种象征，似乎它们就是实际的环境刺激。"[2] 因此，社会—文化力量把人的生活方式和环境联系在一起时发挥着极为重要的作用。

讨论形成住宅和聚落形式的有效方式是把它们视为理想环境的物质具现。这一点既可从长期的理想城市史中体现出来，也可以从易洛魁人使用长屋作为象征，称自己为"长屋之人"（the people of the longhouse）这样的事实体现出来 [3]。住宅同样可看作物质机制（physical mechanism），它反映并促成了人们的世界观、精神气质等，和各种社会制度（或机制）一样发挥着同样的效用。比如说，教育可以反映文化态度并有助于塑造理想的人 [4]。家庭则是一种手段，它传递并护卫社会风气，通过理想的人形成民族性格，而宗教可以定义精神气质。以同样的方式，住宅和聚落作为物质手段促成**生活模式**并长久保持 [5]。如果依照这样的解释，住宅已不全然是一种物质事物。

至少在传统文化中，住宅作为社会控制机制的观念是很强烈的，但在今天的社会中，控制系统正规化和制度化的情况下，这一理念可能不再适用，它的影响力减弱很多。这种情况下，文化和形态的联系被弱化，破坏物质环境也不再会对文化造成破坏 [6]。然而，这种联系从未完全消失，住宅及其使用仍然告诉年轻人很多和生活相关的事情以及要求他们达成的态度，比如正式性、非正式性、整洁度；"沉默的"语言（the "silent" language）仍然在诉说 [7]。

特定的空间组织可以表达理想环境的创造。比起建筑形式，特定的空间组织更为根本，它和**种族领域**（the Ethnic Domain）这一概念联系密切 [8]。种族领域可被定义成有形的理想环境。起初它基本是非物质的，通过房屋表现出直白、给定的形式。其中一个例子是，普韦布洛聚落保护中心神圣房间的建造方式，反映了玉米的种植方式 [9]。相对很少的气候类型、有限的材料种类或其他物质因素却造就了种类繁多的住宅类型，其原因令人费解，但如果把物质环境视作理想环境的表达，折射出不同的世界观和生活方式，那么造成这种现象的原因就清晰很多。

有时候，正是这些因素会微妙地影响到我们的行为模式、我们**希望**（wish）如何行为、我们的穿着、我们的阅读、我们使用的家具与**使用它们的方式**（how we use it）、我们的食物以及**如何**（how）准备食物和饮食以及最终我们居住并使用的聚落和住宅。正是这些影响使得一个住宅和城市是否属于特定的文化与次文化这件事变得容易辨别。

社会—文化影响力与形式 | Socio-cultural Forces and Form

通过否认宗教的决定性本质，我想确认它并非一种普遍或必然的特性，而只是一种可能的文化选择。既然宗教是大多数原始和工业文化的基本组成部分，它成为讨论引发房屋象征本质影响力的恰当起点。这种讨论最好能从考察宇宙意象对形式的普遍影响开始。

宇宙可以从微观世界的全部尺度范围中折射出来，从整个城市、村庄、住宅整体到住宅内的空间、空间里的家具，所有都反映了形象化世界的样子[10]。

在非洲，可以广泛地看到宇宙意象无处不在的影响，在那里，神圣之物一般很受尊重，传统价值不会被质疑，房子、工艺品中承载许多象征意义。实际上整个土地都很重要，而社会秩序、思维秩序、宇宙秩序相互密切关联[11]。对于马里的多贡人（the Dogon）和班巴拉人（the Bambara），每个物体和社会事件既有象征功能又有实用功能。住宅、家居物品、椅子都有这种象征品质，而多贡文明虽相对贫穷，却有数千个象征元素。多贡田地和整体景观折射出这些宇宙秩序。他们的村庄被成双建造以代表天和地，土地被整理成螺旋形，因为世界是螺旋式地被创造出来的。村庄模拟身体各部分相互排列的方式布置，而多贡人的住宅或最重要的酋长住宅是个更小尺度的宇宙模型。最高的宗教和政治领袖有建造多层住宅的特权，这些多层住宅是权力象征，是他们的再现，有多种用途：比如说，作为面具阻退亡灵[12]。

在城市尺度上，根据《摩纳娑工巧明艺》（*Manasara Shilpa Sastras*）[译注1]的说法，印度城镇被布置于"宇宙的十字交叉点"，即宇宙一角的基准点上；整个城镇及其寺庙是天空之城的象征。象征观不仅影响了城市的形式，同时也影响它的奠基，象征观同时也出现于中国、印加秘鲁、非洲（比如加纳和埃及）的城市[13]。

我们发现在村庄尺度上也有同样的态度。波尼村庄（Pawnee villages，波尼人，北美印第安人部族）的布置一直是天上星象的复制。而对于霍屯督人（the Hottentots，南部非洲的种族），圆形是一种完美的形式，它把天堂的赐福带下来。圆形的茅屋环绕着圆形的牲畜场地布置。酋长的住宅总会精确地处在太阳的升起点，以至于人们可从其位置判断这个帐篷是在一年中的什么时间建造起来的。其他住宅则依照等级秩序沿着太阳运动的方向排布 [14]。

类似的形式也出现于欧洲的农民文化中：波罗的海各国的索尔斯基夫兹人（the Solskifts）或太阳村庄（solar villages）同样复制了太阳的轨道修建房屋。主要街道朝向南北，两边住宅整齐排布，其起始位置是西面。西边的数字序列从南向北变化，而东边则从北向南变化，如同太阳的运动。第一号是最好的位置，这个号码是为最体面的住宅准备的。这些房子立面一直朝向街道，要么从东边，要么从西边阳光可以照到。同样的系统也适用于农田，尽管因为过分严苛而被打破，但它仍存在于瑞典、芬兰、丹麦和约克郡（是由丹麦入侵者带来的）[15]。

很明显，仅仅是朝向就很大程度地影响着这类村庄的住宅形式。在很多文化中，住宅的仪式性朝向不是一种物质因素，而有呈现文化和宗教态度的功能。甚至两者有所重叠，比如中国的风水系统，它有时候和舒适度有关，舒适度若不能与宗教因素保持一致，它就需让位于宗教因素。这一系统和整个文化密切相关，而且通过占卜的规则，控制着道路方向、水的流向、高度、形态、住宅的排列方式，将住宅和墓地安置在神秘的环境中，位于能带来财运的树木和山体形式之间。人们的核心价值和这些宇宙信仰密切相关。

发家致富对中国广东农民非常重要，他们相信财富和超自然的力量有关。聚落与住宅在环境中的方位与朝向至关重要，为了获得财运，应该汲取这些带来运气的超自然力量。为方便研究，整个这一复杂的理论可被总结为，这些力量如同山上淌下的水流，如果人们能够和它形成调和，那么宗族的势力就会壮大。首先会栽培如同过滤器一样的小树丛，房屋最后要等树木长得足够高以后才开始建造。这些力量会被导入祖屋，整个过程由行家来负责。村中各处的屋顶形态取决于房屋和这些力量的联系。住宅内部的房间安排，甚至是房间内的家具摆放都受到影响。恶魂的运动是直线的，这导致路、桥和房屋入口不是以直线方式安排，而且房屋入口从不朝向不吉利的方位 [16]。

在日本，也使用从中国引入的类似体系。基于这一体系，视线是否庄重不重要，视线可以朝向厕所，因为入口、厨房或者厕所**从不**（never）放在东北或西南轴线上。迟至 20 世纪 30 年代，由风水师规划的住宅仍沿用这些规则，它们被编成 24 个基准点的特殊图示，这些基准点给出"凶位"和"吉位"，两者之间相差不过 7°~8°[17]。

原始和前工业文化的住宅本身就是个小宇宙，就好像城市是宇宙图像（*imago mundi*）。比如说，波尼人的土屋是地球上土坯房的典型，其中地板是平原，而墙体是远处的天际线，穹顶是拱形的天空，中央的开口是至高顶点，是无形力量的居所[18]。

许多移民会带着他们的建筑迁徙，即便建筑对所居住的新地域并不合适，这一事实充分说明住宅的象征本质。象征特性对移民们很重要，这是**家**（home）的一部分，因此他们对象征层面非常熟悉[19]。

马克萨斯（Marquesas，南太平洋波利尼西亚北部岛屿）的气候和许多大洋洲地区一样温和，简单的遮蔽常常就是全部所需的东西。然而，传统的建造方式是 5~6 个家庭有 3 栋房子，建在 5 英尺（约 1.5 米）高的石头平台上，造石头平台要比造住宅花更多时间。但最基本的是高于地面建房。后面的住宅是所有人的宿舍，而其他房子则用于膳食（对女性是禁忌）和厨房（图3.1）。在这种案例中，禁忌决定了空间分化的需求。

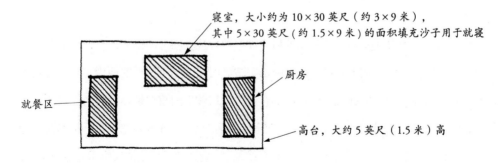

图 3.1 马克萨斯住宅的平面示意图

萨摩亚人（the Samoan，太平洋中部萨摩亚群岛的民族）的住宅体现了气候影响下的最低遮蔽需求，这里宗教影响的支配性较弱。可能出于象征缘由，这里的住宅是圆形的，由一圈柱子和一个圆锥形的屋顶构成。通过覆盖不同的材料——用水浇湿了的打碎的珊瑚，地面和外部领域区分开来。贯穿住宅的悬挂蚊帐可以提供保护，免遭蚊虫叮咬（图3.2）。几个家庭住在这样的住宅里，它仅仅在空间上区分于外部领域 [20]，它同时是一个储藏食物的场所，一个午休的阴凉地。气候上，马克萨斯群岛（还有婆罗洲（Borneo））需要这种类型的住宅，尽管那里的构造物异常精巧和复杂，造成这种差异的主要原因即在于宗教和其他文化因素。

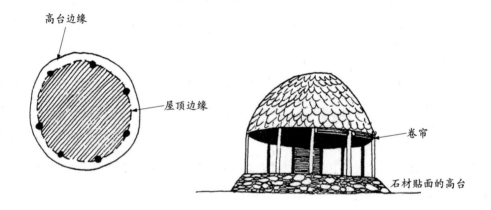

图 3.2 萨摩亚人住宅的平面示意图和透视图

在波利尼西亚，**神力**（*mana*）和禁忌的概念让宗教效应变得非常强烈。人们通常在户外或特设的门廊里吃饭，这样就不会对有**神力**的住宅造成污染。出于同样的原因，常用特别炉灶为酋长或其他特殊人物准备食物。酋长通常有巨大的宗教上的重要性，他们的住宅非常大且精美，达到150~300 英尺（45~90 米）长，75~150 英尺（22~45 米）宽，建于抬起的石造平台上。而大部分人则住在方形的小棚屋中。我已经说过，建造酋长住宅的人常常是专业工匠，而其他住宅则由居民自己完成。

即使在更高水准的农业社会，仪式仍是最重要的。所有的社会关系不仅是实用的，而且一直笼罩在符号体系中。无所不在的仪式活动必须用劳动、商品或金钱来兑现。相比经济的其他方面，在农村一个这样的"仪式基金"可能会非常巨大。不同文化对仪式的重视程度有所不同。仪式的重要性在于强调和说明共同体的团结一致，同时呈现社会机制的理想模式。这体现在对待财产的态度上，而单在经济背景下是无法理解财产的。比如说，一块土地和一个住宅都承载了许多象征价值，而不仅是生产要素[21]。

在住所内部，象征态度解释了住宅、庭院、帐篷中象征空间分布的广泛性，这里似乎没有物质基础。一些实例可以说明这一点，它们都是等级制在空间使用及分配上形成的后果。

就进餐而言，带有座位等级制的中世纪模式被保留于英国的牛津和剑桥大学中，而且仍然在瑞士农民住宅（图3.3）和别的地方有所体现。这一体系和非常严格的座位排序直接相关[22]。

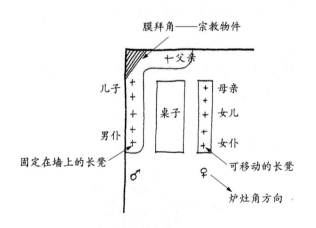

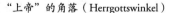
"上帝"的角落（Herrgottswinkel）

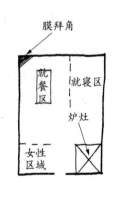

图 3.3 这种室内排布方式遍及从东欧到中欧的地区，几乎没有变化。
膜拜角是住宅中最重要的部分，这即诠释了座次的安排
（引自 Weiss, *Häuser und Landschaften der Schweiz*, pp.151-152）

神圣角和特权角在全世界都有流行。在斐济，东墙专门留给酋长 [23]。在中国，尽管整个房屋都很神圣，但西北角最神圣 [24]。蒙古包被划分成四个部分：门右是丈夫和妻子的，面对他们的是尊贵客人，而他们的左边则是不那么重要的客人。神龛总在床的左面 [25]。阿拉伯帐篷同样有仪式性的空间分配。不同的部落有所不同；比如，图瓦雷克人（the Touareg，主要分布于非洲撒哈拉沙漠周边地带的游牧民族）帐篷的入口总在南面，男人在东边，女人在西面 [26]。这种仪式空间的安排同样出现在印度、出现在拉普兰德（Lapland，位于芬兰和挪威的北部）、出现在西北印第安人当中。而最复杂的是前面已提到的马达加斯加住宅。

马达加斯加的住宅根据星象划分内部空间，有 12 个分区对应于 12 个朔望月。按照宗教规定，每个分区有不同的用途，比如放置存水和大米的罐子。这些规定同样影响家具的摆放；比如说，床一直放在东边，床头朝北，开门和开窗的主立面朝西，因为西面是主要方向，那里的人称自己是"朝西之人"，住宅紧密联系着宇宙万物的宗教平面 [27]。北面是尊贵访客的入口，西北角最神圣，而北墙则是祖先崇拜的场所。如果某人获得礼遇，那么他可获准使用北面的位置。

放射形平面是因纽特人住宅的最显著特征，这一特征和因纽特人的舞蹈仪式和等级因素息息相关。私密的房间向舞蹈房间开放。草屋和冰庐都使用了这种平面布局（图 3.4）。

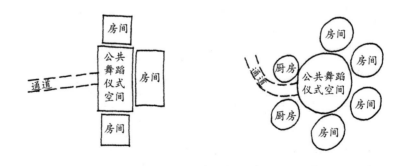

图 3.4 因纽特人的草屋和因纽特人的冰庐
（平面示意图）

在家具尺度层面，人们发现各种各样的家具在不同的社会都有宗教和宇宙的含义[28]。

我将考察其他特定社会文化力量对住宅形式造成的影响，主要是家庭结构、亲缘关系和种姓。

很多实例都可以证明家庭结构对住宅形式的影响：比如，大洋洲（有男人的住宅以及仅供女人使用的小棚屋，在那里男人没有家的感觉）、前南斯拉夫的扎德鲁加或是卡比利亚的住宅。此刻，我会考察一些非洲案例。在这些案例中，家庭结构及其他社会力量明显地影响着住宅形式。

在传统非洲一夫多妻的状态下，男人没有住宅，他会在不同的时日访问不同的妻子，而每个妻子都有自己的住所。如果我们比较同一区域的两种住宅，一种属于一夫多妻制家庭，而另一种则属于一夫一妻制家庭，就会发现这种安排对住宅形式的影响非常明显（图 3.5）。尽管可以看到相同的特征——男人同"侍寝"的妻子分开居住、可控的单一入口、墙体围合的院落、对谷仓的保护，然而其空间排布差别很大。在同一区域，比如加纳，一个部落中住宅的变化可以追溯到其部分成员皈依了基督教，并接受了基督教的一夫一妻制。

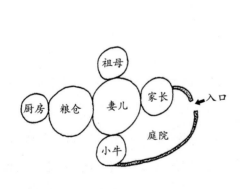

喀麦隆莫福人（the Mofou）的农庄（一夫一妻制）

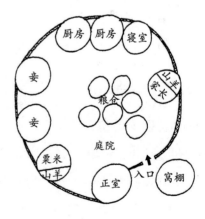

喀麦隆穆当人的农庄（一夫多妻制）

图 3.5 喀麦隆住宅的对比，以同一尺度绘制
（引自 Beguin, Kalt et al., *L'habitat au Cameroun*, pp. 19, 52）

为了不至于使结论过于简单，还应该点明其他同时发挥作用的影响力。它们导致实行一夫多妻制的人们使用着不同的住宅形式。比如说，在喀麦隆的富尔贝人（the Foulbé）案例中，男人的地位是通过他在院落的中心位置体现出来，在院落中他被妻子们环绕着（图 3.6）。这里情况会很复杂。各种分区有不同的被控制的入口、不同程度的隐私性、客人区域等，这就制造了类似迷宫的复杂特质 [29]。

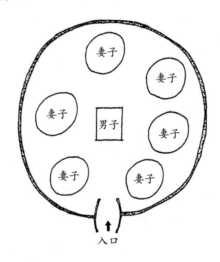

图 3.6 喀麦隆富尔贝人的农舍（引自 *L'habitat au Cameroun*, p.56）

最后，我们可以比较已讨论过的穆当人（the Moundang）和马塞人。穆当人高度重视谷仓，他们将谷仓放在院子的中央位置。而对马塞人而言，牛不仅是一种财富，同时也有神话、宗教、仪式方面的重要性，超出了它们的经济价值，构成马塞族文化的基础。院落以牛为中心，尺度和空间组织上的变化带来一系列后果（图 3.7）。这种聚落模式折射出对牛的关注以及保护和看守它们的需求。圆环、中心，乃至篱笆自身都有象征性。牛栏村社（kraal）由年长的父亲、妻子、已婚的儿子组成，迁徙时是一个单元；家庭组织和社会目标甚至可以调整游牧模式自身。非常普遍的是，每个妻子建造她自己的棚屋，而男人则睡在他所拜访妻子的棚屋里。曾经还有年轻男人组成的战士围栏村社。他们的社会组织非常有趣，但对我们研究而言，其意义在于这些牛栏村社没有荆棘篱笆，它们物质形态的变化折射出特定的社会差异。

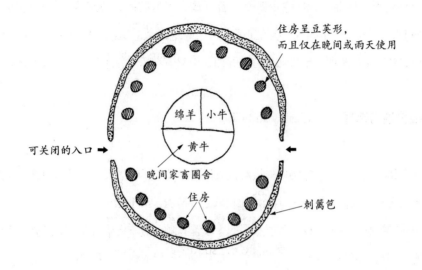

图 3.7　马塞人的围院（直径约 130 英尺（40 米））

亲缘和种姓在南印度的主要社会影响从科钦（Cochin）可见一斑，那里的村子社会统一性很弱。种姓区分导致这些村庄的社区精神很低。村庄的安排同时体现宗教约束的重要性以及对体力劳动的轻视，这种轻视不会存在于原始社会，原始社会中很少有专业化，即便是农业文化中，这种轻视也很少存在。只有神和富有的地主才拥有真正的住宅，不那么富有的家庭和佃农住在更简易的泥砖住宅中，而苦力、工匠乃至大部分平民，他们没有集体财产也没有内部凝聚力，住在泥、竹、棕榈编织的只有一、两个房间的棚屋里。

在一个典型的聚落中，富裕的婆罗门和纳亚尔人（the Nayars）住宅相互隔开，每个都有自己的院子，以松散群组的方式围绕着神庙和仪式性洗浴池，低种姓工匠组成一个或更多独立的小村庄，而农民则分散居住在稻田间。

婆罗门和纳亚尔人的住宅根据种姓的宗教规则排布。院落按照南北和东西直线分成四个部分。住宅占据着东北象限，或稍差一点的西南象限，墓地和牛棚处于东南象限，而洗浴池和凉棚则处于西北方。住宅由四个内置开放方形庭院的方块组成，每一边都有一个外廊（verandah）。同样严格的规则也在此盛行——西边地块是睡眠和储藏区域，北面地块则用于厨房和进餐，东边和西边地块面朝庭院开口，而只有那里可以接待来访者和客人。

临界性与选择 | Criticality and Choice

社会和文化因素，而非物质力量对构成住宅形式的影响最大。正是因为这一观点，在观察住宅形式之初，我们应该先关注原始的和风土的房屋。

物质的限制越强大，技术和所掌握的手段越有限；而非物质层面能够发挥的作用越小，但它们的作用从未消失。这一关系表明了一整套检验房屋的标尺。我们可以设定一套气候标尺，变动幅度从非常严酷到非常温和；一套经济标尺，从勉强维持生存到富裕丰足；一套技术标尺，从最低限度的技巧到最大限度的可能；一套材料标尺，从单一的本地材料到事实上无限的选择。如果我们能够证明，即便是气候、经济、材料、技术等因素构成最严重限制的地方，仍然有巨大的变化与选择性，非决定论、文化因素也清晰地发挥作用。我们可以推断，文化事实上才是最重要的因素，是更大自由度的存在之处。我们可以认为，**住宅形式是对现存可能性选择的结果——可能性数量越大，选择会越多——但没有什么是必然的，因为人们可以在各式各样的房屋中生活**（house form is the result of choice among existing possibilities—the greater the number of possibilities, the greater the choice—but there is never any inevitability, because man can live in many kinds of structures）。

可以认为，相比过去来自气候、有限的技术和材料、传统的力量以及缺乏经济上剩余的约束，今天的约束全然不同但严峻性并未减少。当下的约束来自人口数量、密度和各种制度化的控制，它可以是各种规范、规则、区划，也可以是银行及其他按揭机构、保险公司、规划机构的要求；甚至当今，设计师作为形式赋予者的自由度相当有限。尽管如此，一个美国建造者面对的选择度（degree）和一个因纽特人或一个秘鲁农民拥有的选择度完全不同。事实是，即便在最严苛条件下，一定程度的自由和选择仍然存在，我们一再看到这种情形。

即使在最大约束下，与住宅相关的选择和自由的可能程度，仍可通过**临界性**（criticality）概念获得有效的理解。住宅的形式并不由物质力量决定，因此基于相对较低的房屋临界性，住宅可以展示出巨大的多样性。关键的论据是：因为物质临界性偏低，所以社会—文化因素可以发挥作用，因为它们能发挥作用，所以纯粹的物质力量不能决定形式[30]。

通过对比一些实例可以很好地说明临界性概念。在航空领域，火箭比飞机的临界性更高，因为限制它的技术要求更为苛刻[31]；低速飞机比高速飞机有更多的自由度，即更低的临界性（对比 20 世纪 20 年代变化多样的飞机形式与今天相对较少的喷气飞机外形）。一个步行道比高速路的设计自由度要更高，后者受限于和场地有关的通行距离、视野距离、半径、曲线、尺寸及其他许多技术考量。但即使在这种情况中，仍有一定程度的选择依赖于价值系统，是否应该在建造初期决策是最基础的价值选择。在这个意义上，房屋的物质临界性比较低。可以认为，这种低度的物质临界性给予文化、社会、心理因素更多重要性。

在否定物质或经济决定论时，我不想代之以文化决定论[32]。我为社会—文化影响力的首要性辩护，而不是为其排他的作用辩护。随着临界性因不同的标尺（气候、经济、技术或材料）而增加，自由度虽然减少但仍然持续，并在各种条件下可能最大限度地呈现出来。总是有各种力量结合在一起发挥作用。人可以通过建造控制其环境。他一直在控制内在的、社会的、宗教的环境，**正如**（as much）他一直在控制物质环境——文化意义上的最理想环境。在气候能允许的条件下，他做着自己想做的事情；他使用工具、技术、材料以尽可能地接近他的理想模式。各种调整因素的相对支配性既是人面对自然的一种功能，也反映了这些因素的强大；资源和技术的利用程度既受到获取它们的便利程度的影响，也受到目标和价值的影响。

这些选择，还有临界性，将会导致这些变量中的一、两个有不同的支配性。正因为这一原因，人们只有发现某一文化的真正意义与信仰的"风味"，才能理解它的住宅。

基本需求 [33] | Basic Needs

生活模式作为一个总的概念，尽管在一般层面上非常有效，但不能帮助我们确定它如何影响住宅和聚落的形式。为了实现这一点，我们有必要将之拆解成许多术语，这些术语要比世界观、社会风气、民族性格、文化这样的概念要更为明确和具体，因为住宅形式缺乏临界性意味着同样的目标可以用很多方式实现，而**如何**（how）做事可能比做**什么事**（what）更重要。如果我们承认人类环境的象征特质，并且有证据证明象征价值在人类生活和活动的各个方面都具有重要性，这样做就合乎逻辑了。基本需求的概念被带入问题中，因为所有或者说大多数基本需求已涉及价值判断和选择，甚至在定义"功用"时也是这样。恰恰是建造房屋和高速路布局这样的决策包含了对场地美观和速度相对重要的价值判断，因此它属于文化范畴。这与建造超音速飞机的决策是一样的。一种文化可以强调它所限定的实用性，把实用性当作世界观的首要成分，而另一种文化强调宗教的重要性。同样也可在舒适价值和其他"需求"之间做出类似的区分。

如果我们承认庇护是一个基本需求（即便这一点也可被质疑），同时也承认超越庇护的住宅**理念**（idea）出现得很早，就像由最近的发现所证实的，那么住宅采用何种形式取决于群体如何定义"庇护""住所"和"需求"。这一定义将会在对类似"家"、隐私性、领域性这些概念的不同解释上反映出来。同样，假如我们承认抵御恶劣天气、防御敌人和动物是一种基本需求，那么实现这种保护可以有很多选择，尽管总会牵扯到物质、生理和文化的限制。这种选择，即应对特定需求的**具体**（specific）方式体现了某种文化的特性和意义。这些特定的需求既依赖于各种解释，而且又往往广泛存在：信仰和生活哲学的表达、与同伴的交流、抵御气候和敌人侵扰。

如果住宅的物质临界性很低而满足物质要求又不那么关键——就像对旧房子和城市施以微小的改变就可利用它们——那么基本需求的概念可能受到质疑。人们可以从呼吸、吃、喝、睡、坐、爱的角度谈论基本需求，但这不会告诉我们太多东西；对住宅形式很重要的是文化的定义方式，这些需求会以这种方式加以处理。重要的不是该不该有窗或门，而是它们的形式、设置位置和朝向；重要的不是烹饪或饮食，而是在什么地方以及怎么做。

下面是**生活模式**中影响建成形式的一些更重要的因素：

1．一些基本需求；

2．家庭；

3．女性地位；

4．隐私；

5．社会交往。

每一项在定义、相对重要性、以往经常使用的形式上都有很多选择，这取决于文化和次文化的目标和价值，因此有必要让它们更具体一点。

1．一些基本需求。一般层面的基本需求告知我们的东西很少，考察具体层面可能更有趣。如果我们在特定层面考虑一些像呼吸一样的基本事物，我们就会知道它在建成形式上的复杂效应。比如说，就新鲜空气和味道而言，因纽特人可以接受冰庐中浓重的味道，而传统的日本住宅可以接受厕所的味道[34]。很多文化认为烟很神圣，鼓励住宅中有烟[35]。英国和美国对待开窗会有所差别，而在一些文化中则惧怕"夜气"（night air），所有这些都影响着住宅的形式。类似的差别也适用于黑暗，有些文化，比如巴米雷克人（the Bamileke，聚居在喀麦隆西部和西北地区的草地班图民族），出于膜拜仪式的目的希望住宅比较黑暗[36]。尽管人们常认为视觉工作会导致恒定的光照水准，但即便是在英国和美国，一种文化和另一种文化所想要的光亮程度差别也很大。同样在取暖的舒适水准上，两种文化间也有差异，我们已经可以看到，在对待取暖的态度及其对住宅的效应上，中日之间存在差异。

最后一点，即便对于**舒适**（comfort）这种我们想当然的概念，不仅在认定哪些是舒适，甚至在舒适需求的表达上也没有我们想的那么显而易见。比如说，印加人喜欢坚韧，而蔑视舒适，他们把舒适等同于娘娘腔，而普韦布洛人则持完全不同的态度 [37]。

我们已经看到宗教法令是如何影响饮食和烹饪习惯，住宅形式受特定饮食要求巨大影响的实例很多。阿斯特克住宅中，厨房是一个独立的房子；而印加人在露天庭院烹饪；图瓦雷克人在帐篷中生火取暖，但在帐外烧饭 [38]。印度的种姓规则影响了饮食习惯和建筑需求，而在其他文化中，主导因素则变成了其他的食物禁忌 [39] 以及对纯洁和清洁的要求，如规定餐前仪式性地洗手；美国印第安人的待客规则是，习惯上一天只吃一餐，风俗上男人先吃，妇女和儿童随后 [40]。中国人家庭惯例是大家一起吃饭，日本人则是男人先吃，女人和儿童随后，这些习俗也影响了他们的住宅形式。因此我们看到餐饮的基本需求并没说明太多和形式相关的内容——我们需要知道，饮食和烹饪如何完成的具体方式以及在何处完成。

特定的营生之道是住宅形式的一个重要方面，甚至不同文化中的穷困概念也不相同。最近的经济学研究指出，传统日本的"贫穷"含义和我们的完全不同。日本人没有和怜悯对应的词语 [41]。这种情况多大程度上和日本美学近乎贫乏的简朴发生关联？这本身就是个很有趣的问题。日本的"空"宅子里没有东西，却有不同的空间用途。如果我们把传统的日本住宅和维多利亚住宅或当代美国住宅做个比较，我们能否认为基本需求已经改变了这么多呀？

坐是一项基本需求，然而有些文化中蹲才是休息的方式，这在亚洲很常见。而另外一些文化中则是站着，比如澳大利亚土著人和一些非洲人。坐的方式会影响住宅形式，改变居住习惯。比如说，可以设想一下引入椅子造成的居住习惯革命，这带来重要的社会后果：由于使用地毯带来脱鞋的要求，而这一要求后来消失了，随之消失的还有特别的遮挡空间——门厅或门廊（脱鞋或放鞋的地方），鞋子易脱和特殊地板的要求也会消失。不同的姿态影响站位、车厢、服装、所有家具的特征和形状以及碗柜、衣橱、镜子、灯和图片等的使用 [42]。椅子同时影响了坐高，因此改变了窗户的排列和类型以及花园的类型。与之类似，睡眠的意义不在于睡眠本身的重要性，而是同睡眠有关的家具、摆设和空间影响了住宅。

2. 家庭。尽管家庭是基础，但家庭结构仍有很多差异[43]，这种差异对于住宅形式非常重要，这些形式之间同样有很大的差异。即便我们已描述了家庭结构的基本类型，仍然存在各种结果，比如不同的大家庭——卡比利亚的院落簇群、易洛魁人的长屋、加利福尼亚西南坡莫印第安人的集群住宅。从平面上看，他们的安排并不清楚，但一旦知道家庭的名字，就会理解这种安排（图 3.8）。

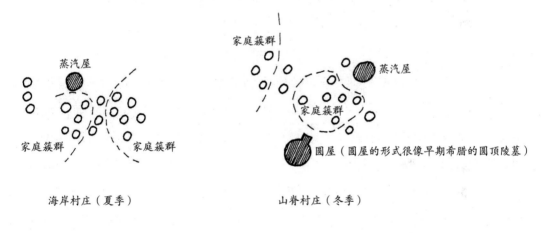

图 3.8　加利福尼亚西南坡莫印第安人的集群住宅

在卡比利亚，每个住宅都会覆盖联姻家庭；环绕共同庭院的住宅组群容纳着大家庭，成为一个村庄单元。这可能受到伊斯兰模式的影响，在伊斯兰文化中，城镇按照族裔被分解成一系列单独的区域，在这些区域里，每个单独的宗族组群都有自己的领域[44]。

易洛魁人的长屋只是众多公屋形式中的一种，可以把它的特定形态和普韦布洛人或印加人的马卡做个对比（图 3.9）。

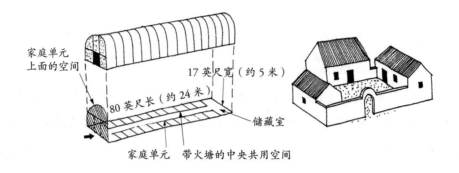

图 3.9 左：奥尔达加－易洛魁人（the Onondaga-Iroquois）的长屋
（引自 Morgan, *Houses and House Life of the American Aborigines*, p. 129）
右：印加马卡（平面示意图参见图 2.11。这种类型的住宅在秘鲁和玻利维亚的
阿尔蒂普拉诺高原仍很常见）

  我们已经看到一夫多妻地区的住宅形式如何有别于一夫一妻地区的。在乌班吉河（Ubangi，中部非洲刚果河的主要支流）流域的曼扎人（the Manjas）那里，可以看到部落成员成为基督徒后，同一聚落住宅形式的变化。在此之前，作为拜物教徒，每个妻子都有她们自己的住房，男人每天拜访不同的妻子，特定情况下孩子也有自己的住房。在西非廷巴克图（Timbuctoo）的洪博里穆斯林（Homboris Moslems）那里，其每个合法的妻子、所有的小妾，还有 7 岁以上的孩子都有自己的住房，一个富有男人的住宅变成了一个巨大的集群，这不同于同等规模阿拉伯人的妻妾闺房[45]。在有图腾崇拜的人群中，和外族通婚必须将男女分开，甚至在婚后也如此。特尔卡斯托群岛（Entrecasteaux archipelago，巴布亚新几内亚东端的群岛）的多布岛（Dobu），人们结婚后仍分开居住，每个村庄有 5 个世系的组群，每对夫妇有两套住房，一个是"父系的"，另一个是"母系的"，而且轮换着住[46]。莫尤姆波（Moyombo，塞拉利昂南部省份）的男人、女人和儿童全都有单独住房，复杂的家庭组织导致了极端碎片化的住宅[47]。农民的家庭形式也同样极大地影响着住宅的形式，比如斯拉夫国家的札德鲁加。这些情况已足以说明，除非对"家庭的"基本需求有更具体的限定，否则不会对我们深入理解住宅形式产生更大的帮助。

3．**女性地位**。尽管这只是家庭制度的一个方面，但仍很重要，值得专门多说几句，这也显示了讨论这些因素时所需的具体程度。地中海区域有两种住宅类型。一种是两层的石头住宅，室外有楼梯，一般出现在从叙利亚到加泰罗尼亚和巴尔干的海滨和海岛上——而同一区域同时也存在庭院住宅 [48]。庭院住宅出现在同一区域以及希腊、北非、拉美的庭院住宅极为相似的事实表明，这种住宅更多地与一些社会因素有关，这些社会因素可能是幽闭女性的极端私密性需求。这一类庭院住宅的窗子和屋顶被设计成能阻止任何侵入家庭隐私领域的企图。基于同样的原因，街道两边的住宅大门不会彼此正对 [49]。另一类型住宅的外部阶梯，至少是米克诺斯岛（Mykonos，爱琴海岛屿）上的那些住宅，同样也和女性地位有关。在米克诺斯，嫁妆非常重要，必须有房子，而室外楼梯保证了居住在同一套住宅的多个人家相互间不会发生冲突。

非洲风俗中，男人没有自己的房子，只能造访女子的住宅；在英国和美国，男性领域和女性领域之间仅有微妙区分。这些差异说明女性的突出地位会在住宅中呈现出不同的形态 [50]。女性地位同样也影响着传统日本住宅。在这里，厨房是少数几个专属女性的场所，并且在物质上区分于住宅的其他部分。在埃及，男人和女人总会相互分开，富人们有单独的房间，穷人则使用房屋的不同角落；这种过程同时也发生在游牧民族的帐篷中。塞内加尔的伍夫斯人（the Ulufs）住宅被翻转面朝土围，以至于从入口无法看见住宅内部，而女人被阻隔在视线之外 [51]。通过对帷幕、闺房等的要求，伊斯兰文化普遍影响到住宅和聚落的形式，但是在每一个案例中，仍需考虑解决方案的细节。

4．**隐私**。既然女性地位至少部分地影响着隐私，我们希望定义隐私性时能找到更多的变化形式，它是怎么实现的，哪些是最重要考虑的。

例如尼泊尔的夏尔巴文化，他们对待性的态度似乎让他们一点也不看重隐私 [52]；在西方影响来到之前，传统的日本人，有着完全不同的关于端庄的概念，因此他们对待隐私的态度也不同。夏日人们可以裸体地出现在公共场合，使用公共浴室；同样是夏季，一眼便可以看穿农民的住宅[53]。亚马孙的亚瓜人（the Yagua，秘鲁亚马孙河流域印第安人部族）住在一个巨大的开放住宅中，他们实现隐私的方式是通过社会习俗让某人"不在场"，实际上，是让其远离住宅中心的方式来使之不可见[54]。除了对待羞耻和性的态度，有关个人价值、领域性、个人场所也可以影响隐私态度。后一种因素可以决定公屋是否应保持开放以及不予分隔（比如，亚瓜人的住宅或者委内瑞拉皮亚罗阿印第安人住宅），或者分隔，甚至里面还有更小的、分离的封闭空间（比如，达雅克人（the Dyaks），婆罗洲岛上的土生民族）和夸扣特尔人。

对隐私性的需要可以形成和领域分隔有关的形式。印度、伊朗、拉丁美洲存在这样的形式。在这些地方，传统房屋很内向（完全不同于盎格鲁—美国人的外向住宅）。这样的形式似乎和气候区和场地没有关系，它既出现在城市也出现在村庄。

在印度，每个住宅都有低墙围绕或是沿中心庭院安置住宅元素，住宅白墙面朝向街道（图3.10）。在印度南部，很有趣的一点是，穆斯林深闺制度（purdah）的影响并不普遍，住宅很少使用庭院，但更开放。这种模式同时可见于伊朗和其他一些地方，它让各种领域分离，同时也有效地把住宅及内部生活从街道和邻里中分离出来。从嘈杂的公共领域到安静的私人领域，从相对朴素、简单、被抑制的室外空间到丰富和奢侈的室内空间都出现了明显的过渡。很少有人关心大街上发生了什么，街道仅仅是到达田地、井口、商店的路径，或是定义民族和种姓组群的方式。然而，传统聚落中，狭窄阴暗的街道当其用于一些社会功能时会充满生机。例如，旁遮普（Punjab）的街道连接了村庄的三种要素——住宅、寺庙或清真寺、巴扎。街道的开阔地给树木和水井留有余地，说书人会坐在这里，或是小市场会构成商铺，促成完善街道的社会功能（图3.11）。在这一案例中，从街道到住宅私人领域之间的过渡变得非常重要[55]。

日本人的隐私态度同印度人有点像，尽管解决方式不同。面向外部世界的住宅立面一片空白，由墙体或高篱笆搭建而成，如果房屋有商店、办公或工坊——所有非居住功能，那么这是它唯一通向街道的开口。在高墙内，隐私性则很少再被关注，不管对话会不会相互干扰，视线也可以直接穿透住宅。到了晚间，所有人睡在一起，不同性别的人、陌生人、家庭成员一

图 3.10 印度北方的住宅

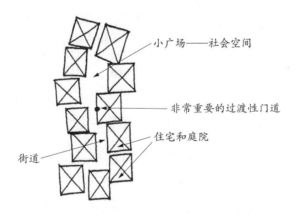

小广场——社会空间

非常重要的过渡性门道

住宅和庭院

街道

图 3.11 旁遮普村落的平面示意图

同混杂。隐私性取决于不同的领域（图 3.12）。这里我们又一次发现了对过渡空间的关注——入口不直接，阻挡视线并强调了公共和私密领域的分离。

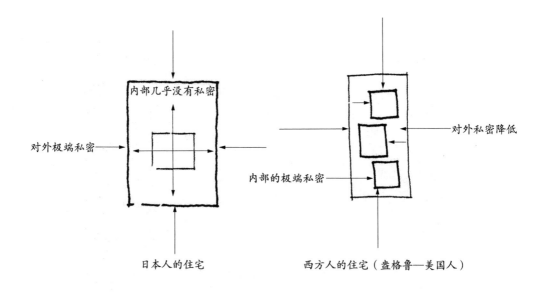

图 3.12 私密领域

这种根据领域分离来限定因素的方式在非洲也相当普遍，其中一个例子是西非的约鲁巴人（the Yoruba），他们居住在泥墙草屋的大家族中。一个住宅通常是由四个或更多家庭组成的连续群体院落，大院中围合着一个广场，只能通过唯一的入口进入，和卡比利亚人或印度的住宅没什么区别。外部是连续的空白泥墙，入口是唯一开口，内部面朝内院的是连续的门廊。围院组团紧凑地聚合在一起，形成围墙包裹起来的村庄和城镇。院落住宅间的空间成为街道，院落和主要外墙间总有一些空间[56]。而在豪萨人（the Hausa，西非萨赫勒地区的一个民族）那里，环绕院落的墙体总是第一个被建成的东西。

尽管在我们的文化中建筑师常常将隐私当作基本需求，但这的确是非常复杂和多变的现象。

5. 社会交往。人与人的相会也是基本需求，人是社会动物。我们关心的是人们在哪里会面，是在住宅，还是咖啡馆，还是浴场或是街道？这些不是会面本身的事实影响着居住形态。

在城市中，人们定位的轻松程度对促成社会交往非常重要。然而，日本的体系甚至对日本人自己都非常复杂。在日本，空间通过一系列规模尺寸缩减的**场地**（areas）来组织。在最小的场地内，住宅编号依照的是建造顺序，而不是西方传统的序列号。另一种基于街道路口交叉的城市定位系统，则是早期从中国引进的。这套体系从未被接受，而战后美国人重新命名东京街道的工作也未获成功。

人们找到自己的路线后，具体**如何**（how）会面、在**哪里**（where）会面就很重要了。在中国乡村，人们会在主要街道的宽敞地段碰面；在北非女人可以在井口，男人则在咖啡馆碰头；在班图人（the Bantu，非洲最大的民族，主要居住在赤道非洲和南部非洲）的村庄，动物围栏和生活院落围墙间的空间是理想的会面场所；在尤卡坦的查康姆（Chan Kom），会面场所通常是村里小商店的台阶；在土耳其和马来亚是咖啡店；在法国是咖啡馆和小酒馆，客人们从不会被邀请进到住宅里。但这种方式也正在发生着变化，住宅开始更多地被用于会客，这既影响了住宅形式，也影响了城市。在意大利，碰面地点是广场、画廊、咖啡店；在英国，是酒吧和住宅。在一些地区，比如圣路易斯、危地马拉、德拉贡（Dragoe）、丹麦或希腊等很多地方都会有定期的舞会或聚会，在这段时间里，会拓展出一个比日常使用更大的场地用于社会交往。尽管这种解决办法实际既涉及时间因素，同时也牵涉空间因素，但它更多是一种时间上而非空间上的解决办法。它成为这些城市环境重要而且复杂的因素。

住宅与聚落的关系 ｜ The Relation of House and Settlement

领域分离和社会交往的讨论证明，对待住宅不能把它从聚落中孤立出来，而须视之为整体社会和空间体系的一部分，它们和住宅、生活方式、聚落，甚至景观息息相关。人们居住在整体的聚落中，住宅只是其中一部分。人们使用聚落的方式影响了住宅的形式，比如，在有些区域，住宅用作会面场所；而在其他一些地方，会面场所是聚落空间的一部分，比如街道和广场。地理学和建筑经常将住宅形式的研究和聚落的研究分开。然而，把住宅看成是更大系统一部分的要求证实了住宅很少能传递超出它所处环境和背景之外的含义。因为居住模式总在一定程度上延伸到住宅范围之外，住宅形式被人们的活动程度和发生在里面的活动范围所影响。比如说，许多拉丁美洲和其他发展中国家的农民只是把住宅当作一个睡觉、贮藏东西、蓄养牲畜的场所，而大多数起居活动在外面发生，这对住宅形式产生了深远的影响。尽管这种讨论更接近城市设计的课题，这可能已溢出本书的范围，我们仍有必要参与进来，去理解在何种程度上聚落模式可以影响住宅。

　　聚落有很多种分类模式，而大部分作者认为，定义聚落的难度在于大多数聚落形式都不纯粹而是混合的。对分散和集中聚落的普遍分类毫无疑问会影响到住宅形式，因为必须在分散聚落住宅内发生的活动也可以出现在集中聚落中。但即使是集中聚落状态下，也需要作一些区分，这对于理解聚落和住所的关系以及这种关系对住宅形式造成的效应非常重要。

　　一般而言，有两种集中的聚落传统。一种把整体聚落看作生活环境，而住所仅仅是生活领域中更隐私、封闭、遮蔽的一部分。而另一种情况中，住所本质上被看成是全部的生活环境。聚落，不管是村庄还是城市，或是作为联系组织和近乎被贯穿的"多余"空间，本质上是次要的。这里叙述的区分以比较极端形式为基础，而且有很大的简化。不同的外部空间使用方式在所描述的两种类型间变化——但通常的区分确实存在 [57]（在示意图上，两种模式可以如图3.13呈现出来）。

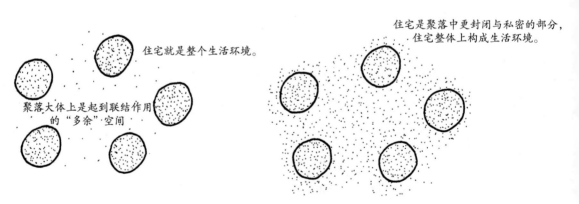

图 3.13 两种住宅——聚落体系

在西方文化中，我们认为拉丁的、地中海的村落或城镇是第一种类型的典型，盎格鲁—美国城市则是第二种类型的典型。而最极端的是洛杉矶，那里真正被用到的只是私密领域——住宅及其后院（如果不把用作公园和海滩视为**城市**（city）使用的话）。在现有的文化脉络下，我们可以认为风土传统是第一种类型的典型，而宏大设计传统则是第二种的典型。

这种类型之间的区分可部分归因于书面或未成文的规则，通过在不同领域——公共领域或私密领域——禁止某些事情而允许另一些的方式来限定行为模式。这是世界观和其他态度的一种表达方式，也是文化和人们使用空间的方式联系起来的路径[58]。同样，这种区别可以部分归因于宗教对社会观念和家庭带来的影响，因此也是对领域分离带来的影响。

这种区分很基础，适用于史前史、原始社会和非欧洲的案例，也适用于我们自己的文化。在早期冰河时期，我们可以把分散的英国单一家庭农宅，比如，维尔特郡（Wiltshire）小伍德伯里（Little Woodbury）的农舍和高度组织化的大陆聚落或苏格兰和冰岛的湖畔聚落做个比较。在这些地方，聚落**就是**（is）住宅。

根据这一分类标尺，我们可以在原始人中发现几乎每种可能的类型，从西非的洛迪人（the Lodi）——他们几乎没有共同生活，其住宅孤零零地矗立着，形成了全部的生活环境，到厄瓜多尔的卡亚帕人（the Cayapa）——他们只在节庆时使用村庄，而其住宅就是聚落，再到安第斯高原的艾马拉人（the Aymara）——他们的生活环境是聚落整体，只在晚上他们才使用住宅。

艾马拉人的模式几乎就是"非洲式的"，因为在非洲原始人中，制造更大"起居"场所的模式的确很常见，尽管这不是通用模式。在卡比利亚，住宅仅是更大领域中的一小部分，代表比较**私密**（private）的那一分子。这种情况同样也出现在新几内亚，在这里，相比于住宅，舞蹈场地和男人的仪式房更为重要。

我们可以认为，使用聚落的方式取决于气候，很明显气候在发挥作用——但一如既往，这不是故事的全部。南美安第斯高原的艾马拉人生活在凛冽的气候中。在巴黎，尽管冬天去咖啡馆没那么流行使情况发生了些许变化，但整个城市仍和往常一样。澳大利亚人和加利福尼亚人室外活动使用海滩、公园和运动设施时会花很多心思，但几乎从不会用聚落或城镇来进行户外活动。非常有趣的是，欧洲大陆移民带来的影响让澳洲的情况发生改变，盎格鲁—撒克逊人确立的社会秩序则是改变的巨大阻力。

实际上，这正是我的观点，即在西方世界中，聚落使用的差异通过以下两种方式和文化相关联：

1. 拉丁的、地中海的文化相对于盎格鲁—美国文化的对比（作为一个当代样本）。

2. 既定文化中的风土传统相对于高雅传统的对比。

关于英格兰，卡雷尔·恰佩克（Karel Čapek）感性的评论是："英格兰家庭的诗意是以英国街道缺乏诗意为代价的"，他把这里的街道描绘成"空荡荡的街道，孤独的街道"[59]。工人阶级的街道，即更风土化的环境，并不完全是这样。在这些地方，街道仍被使用[60]，虽然其强度还远比不上拉丁国家。同样的区别也存在于美国工人阶级和中产阶级间。比起中产阶级，工人阶级使用街道的频率要高很多[61]。这个二元对立明显过于简单。不同街道使用方式的变化幅度如此宽广，以至于一个法国人可以对比法国和巴西的街道使用方式，进而得出他的同胞并不真在使用街道的结论[62]。

很明显，聚落形式影响了生活和住宅的形式。瓦哈卡（Oaxaca，墨西哥南部城市）的萨波特克人（the Zapotec）展现了三种不同的聚落模式——紧凑的城镇、半紧凑的城镇、半空置的城镇。城镇的中心被用作仪式，大多数人在**棚屋**（ranchos）居住和劳作，每个棚屋有两户家庭[63]。每个聚落都有不同的风俗和行为模式，对待很多事物有不同的态度、不同的男—女关系。这些变化都反映在住宅上、形式上、空间分配上，即便难以追溯直接的因果关系。

聚落模式也会影响创新的态度，比如纳瓦霍人（the Navajo，居住于美国西南部地区的印第安人部族）和祖尼人（the Zuñi，居住在美国新墨西哥州中西部与亚利桑那州交界地区的普韦布洛印第安人）。当二战后纳瓦霍退伍老兵回乡，他们有分散的生活模式，能够接受创新，因为创新只影响到单个家庭而没有打搅到社区。祖尼人的聚落模式很紧凑，任何创新都会影响到整个社区，因此也就遭到抵制 [64]。

　　住宅、聚落、景观是同一文化体系和世界观的产物，因此也是单一系统的组成部分。比如，在传统的日本，领域分离致使每个住宅被隔离，每个家庭做他们想做的事情；但只要有共享的普遍价值，一套秩序内的住宅形式变化就会产生很好的结果。一旦共享价值消失或减弱，同样的态度就会产生当今日本城市的视觉紊乱。没有人会对公共领域负责，因为它很少被当作整个生活区域的一部分来使用。日语中，城镇和街道用词一样 [65]。既然日本的城市从不打算让市民使用 [66]，那么日本人眼中的城市和住宅同西方人完全不同。

　　因此，重要的是把住宅视为生活环境及其依循整个空间—用途尺度变化的环境变体，这样理解时应该和聚落类型的基础二元论发生联系；不仅如此，同时也要将住宅视为所属特定制度体系的一部分。观察它时必需涉及城镇、它的纪念性角色、它的非家庭领域，还有社会聚会场所以及它们和城市空间的使用方式——我们只要想想巴黎和洛杉矶各不相同的居住方式，就知道搞清楚这些情况是多么有必要了。此外，我们必须考虑住宅内的运动方式，从住宅经过各种各样的过渡到达街道，然后再到达聚落的其他部分（图 3.14）。

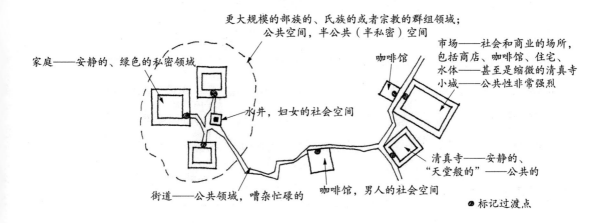

图 3.14 穆斯林城镇（伊斯法罕）住宅——聚落体系示意图，
只显示了一部分活动

场地与选址 | The Site and Its Choice

可关注两种场地影响房屋的方式。第一种是应关注场地的自然特性——斜度、岩石和土壤类型、径流、植被覆盖、微气候，等等；第二种则关注场地的象征、宗教或文化价值及其后果。尽管场地的自然特性确实影响了房屋的形式，比如陡峭的斜坡场地，但正是场地的初始选择才导致这种变化。容易获得食物和水、面朝来风方向、防御潜力、节省田地以及交通都在这一选择中发挥作用。防御需求可能导致选址于河流曲线的顶点、湖滨或是峭壁。对于贸易则需要考虑渡口的存在；而对于丛林中的交通，河岸可能很重要。在最终的分析里，场地的选择大部分依赖于社会—文化价值，这些价值可以帮助解释为什么东南亚的苗人会将住宅安置在山体，而在同样的环境和经济状态下，人们会挑选平坦地区。尽管保护可耕种土地的要求在秘鲁的马卡、新喀里多尼亚住宅、普韦布洛住宅的选址上起到很重要的作用，但普韦布洛住宅坐落于平原和台地的顶部，它们的选址和六个基准点以及北面和东面的神圣方位相关。

选址，一定程度上也是住宅形式，主要是社会因素作用的结果。这些社会因素包括家庭和宗族的结构和组合；包括与动物的关系、和动物在空间上的关系，就像马塞人和动物的关系；包括与谷物的关系，就像在喀麦隆和普韦布洛所看到的；包括对待自然的态度；包括对法力和神圣方位的需求、景观特征的象征意义。选择好的场地随之带来了实际效果以及一些后续的调适。实际效果对房屋选址及房屋形式和关系有很大的影响。小说家凯伦·白烈森（Karen Blixen）在《走出非洲》（*Out of Africa*）一书中描述了她试图在自己的农场给非洲工人的住宅划好格网，但他们研究了土地、山体、洞穴、岩石和小溪的布局后，拒绝遵循她画下的网格，也不愿将住宅布置在这些场地上。这里体现了场地选择的文化因素非常关键，我将集中来谈这一点。

已有很多作者指出过这一事实，即基地选择基于神话、宗教、生活方式而非实用或物质原因。比如说，把山看成是"坏的"还是"好的"就包含了对自然选择。在新墨西哥州维尔德河谷（Verde valley）的同一地域，霍霍坎人（the Hohokam, 700 年 —1100 年）在平地和台地建造房屋；而西纳瓜人（the Sinagua，1100 年 —1400 年）则在山丘和平顶山地（mesas）上建造房屋。即便霍霍坎人留下了空台地，西纳瓜人也从不在上面建造[67]。

是否该在河堤上建造房屋还是要回避这种场地，是否该像贝都因人那样使用沙漠还是该回避它，做出这些决策的方式是一样的。这些决定大部分都表现了基于非功利原因的场地诉求。一个极端的例子在新赫布里底群岛的马勒库拉大岛（Malekula），这里禁止居住：人们居住在环绕它周围的小岛上，然后前往大岛去耕种甚至是去寻找水源。在小岛上，村庄的模式、住宅的位置、场地的选择依据的是极为复杂的宗教态度[68]。

所有这些都表明了对待自然和场地的态度是创造住宅形式的重要方面，表明了场地对住宅形式的修正，它也表明人与景观的关系是首先考虑的第一位因素。关于这些态度有很多分类，但在我们看来，最有效的是从**我—你**（I-Thou）和**我—它**（I-It）[译注 2] 的关系出发来考察。它们在历史上呈现出三种形式：

1.**宗教和宇宙论**（Religious and cosmological）：环境被认为是支配性的，而人的地位则低于环境。

2.**共生性**（Symbiotic）。此处人和自然处于平衡状态，人们认为自己对自然和土地负有责任就像对神负有责任一样，是自然和土地的管家与监护人[69]。

3.**开发性**（Exploitative）。人是自然的完善者和修改者，然后是创造者，最终是环境的破坏者。

在头两种形式中，自然和景观的形式是你（Thou），其关系是个人的，**与**（with）自然共同合作，而在第三关系中，自然是它（It），是被研究的、被剥削的和被利用的。这些形式暗示着一种基本变化，这种变化和它什么时候出现无关——年代变化并不影响基本的论据[70]。

正如我提到过的，原始人对景观的影响非常小，特别对个体而言，其影响更小。对于原始人以及对农民（程度稍弱一些）而言，人和自然的关系，因而也是人与景观和场地的关系，是非常个人性质的。人和自然之间没有鲜明的区分[71]。原始的世界观力图保持与自然和谐，而不是冲突与征服。原始社会的人与非人的关系首先是相互关系的一种——人在自然中，不再说人**和**（and）自然 [72]。这种观点以及随后人和动物的关系导致了对待分化和专业性的态度（我已在与工作和空间的关系中讨论过这种分化和专业化），这种态度影响了原始和前工业文化的房屋选址。

这一态度对聚落和住宅的形式有所影响。比如说，可以认为场地强烈地影响了普韦布洛人的住宅，他们洞穴式的房间联合在一起就像一个台地。普韦布洛看起来就像是大地的一部分，他们的住宅形式和景观的密切联系折射出人与自然的和谐。同住宅一样，所有的景观都是神圣的，而整个环境都影响着普韦布洛人的全部生活 [73]。事实上，当普韦布洛印第安人伐下一棵树或是猎杀一只野兔时，他们都会祈求原谅。对于他们，种植玉米是一个宗教行为，是整个精神生活的基本组成。正是这种态度影响了他们的住宅及其形式、选址以及住宅同土地的关系，这种态度也有助于解释为什么这样的房屋会强化而不是破坏景观。

玛雅人在清理森林时会祈祷，而且玉米地是神圣的。俾格米人认为如果他们破坏了自然的平衡，他们必须要修复它，当猎杀动物或砍伐树木时，他们会举行仪式。这和普韦布洛印第安人非常相似，他们做这些事都是出于同样的原因——相信人和自然之间有一种精神的和谐。在一些原始人那里，任何人只要离开他们土生土长的区域，就会被当作是亡人，会被举行葬礼，被驱逐与宣判死刑是一回事。这当然归因于祖先建立起来的土地和社会群体的密切关联。这种密切关联很好地体现在非洲人的"仪式"中。一个土著，如果他的妻子来自别的地区，他可以借此仪式递给她一些当地的泥土。"每天她必须吃一点这样的灰尘……让自己习惯于居所的变化。" [74]

这种尊重和敬畏场地的普遍态度意味着人们不会欺凌和强掠土地（或通常意义上的自然），而是相互合作的。房屋适合景观，并通过地址、材料、形式的选择表达这种态度。这些形式不仅满足文化、象征、实用的需求，同时也大多作为场地的一部分而存在，以至于如果没有住宅、村庄或城镇，这些场地是无法想象的。这些品质同时反映了共同的目标和价值、清晰且获得一致认可的用途，对于住宅、聚落、景观可接受的等级结构以及对天气和技术的直接回应。形式也是需求的直接反映，它导致的是上面描述的直接的而且直觉上很清晰的、恰到好处的感觉。在《建筑》（*Architektur*）开头部分，阿道夫·卢斯（Adolf Loos）描写了这些是如何影响敏锐的观察者的。他描述了高山湖的湖滨，称赞了风景中所有事物的均质性，包括农民的住宅。所有一切看上去似乎是由"上帝之手塑造的"，然后，

……这里，这些是什么？一个错误的音符，格格不入的叫嚷。是上帝而不是农民创造了农民们的住宅，而在这些住宅中矗立着一桩别墅。这是优秀建筑师还是拙劣建筑师的作品？我不知道。我只知道，平静美丽的风景已被损坏……每个建筑师，无论水平高低，是如何造成对这个湖泊伤害的？农民不会做这样的事情[75]。

我的答案已经包含在这里。无自我意识、不做作、没有故作深刻的欲望、对生活方式、气候、技术的直接回应、运用"模式和变体"的建造方法、面对自然和景观的态度，所有这些都在发挥作用。最后一点影响着居住形式和场地形式的关系、**场所**（places）的营造，最终影响到建成形式本身。在这里，用非洲村庄的范例，我仅能讨论这个问题的一个方面。

很多建筑师和规划师都关注非洲传统村庄和新城镇的对比。尽管大家都认可新城镇有更高的物质标准，但也承认它"致命的沉闷"。关于这一点，存在两种观点。第一种一般会贬抑土著的村庄，将新城的沉闷归咎于经济的匮乏（尽管传统村庄的经济水平更低）或是认为它们大多只有一层（尽管当地的村庄都是这样）。提出的解决办法包括一系列装点门面的花招，比如刷刷颜色、种些植物、强化垂直特征，这些手段都忽视两种聚落类型的基本差异。另一种观点则考虑得更深，在比较新镇和传统村落时，无论是视觉上还是功能上很少给予前者以好评——尽管很明显的是，两方面无法分离并且都和土地有关。

传统形态富含魅力且生机勃勃，而建筑师设计的新形式乏味、沉闷、单调，这种差异不能只归因于别具一格的画面感所带来的魅力。传统村庄的平面、场地、材料的统一性甚至在大部分外行观察者中间都能激发出热情的回应。这种回应大多是由景观的和谐所唤起的，同时有恰

如其分地契合目的、直截了当并富含说服力的感觉。一系列墙体创造出亲密尺度，它们不仅封闭了空间，同时也把住宅连接起来，并将之与景观相联系。水平的墙体与垂直的筒状住宅和圆锥屋顶形成对比，这种对比不仅体现在封闭和形式上，同时也在于材料的颜色和肌理——土地、草地、茅草、木头、石头——这些都强化了差异，但都与景观有关。住宅和地景通过强烈的几何形状产生关联，有些从未使用直线[76]。流线型的房屋坐落在自然轮廓上，体现出在视觉上把房屋组群和露出来的岩石群、树木、土地形式的自然特征组合并关联起来的天赋。形成这些房屋品质的原因与其说是群体意识的表达不如说房屋和土地已经混合成一个整体了。

在新城镇中，道路格网不仅破坏了亲密的尺度，也破坏了与土地的联系。和传统模式下更大型的社会领域不同，新视觉元素不再传达个人和群体、群体和土地之间的关系。新模式让个体显得无关紧要。群体的团结被摧毁，人和环境的清晰关系也不复存在，因为空间尺度日趋增大、与周边土地和谐一致的领域被分割[77]。

恒定与变化 [78] | Constancy and Change

赋予建成形式文化层面如此多的重要性往往会导致一种彻底相对主义的立场，只要一种既定的文化和生活方式发生改变，那么其形式将失去意义。然而我们知道，即便那些创造出很多人造物的文化已经消失很长时间，这些人造物仍在发挥效用；即便附着在住宅和聚落形式上的意义已经发生很大变化，这些住宅和聚落仍然可用。事实上，以人而不是技术的观点来看，这样的形式常常非常优秀。比如说，墨西哥人的住宅以及这些住宅组成的聚落模式在很多方面的表现都优于美式住宅，而欧洲中世纪的城镇也更宜居，比起当代的城镇更能满足很多感知的要求。这表明，行为和生活方式的某些方面是恒定的，或者说，变化非常缓慢，而旧形式被取代常常是因为新颖性带来了威望价值，而不是因为缺乏实用性或与生活方式的关系不够协调。当然类似的是，认可旧的形式可能也是因为旧事物的威望价值而不是它真正的有效性与实用性。在各个例子中，尽管两种对待旧形式的态度都和文化相关，但其中似乎，或至少有可能，牵涉一个恒定性要素，有必要对这一要素进一步探讨。

已经有人提出，人的本性及其习俗包含了恒定和变化的元素，这些元素都影响了建成形式的主旨，这可以从与人的生物本性、人的感知和人的行为的关系上去考量。

比起感知和行为方面的实例，和人的生物本性有关的证据更强地支持恒定性。很明显，自其起源以来，人在身体和心理上几乎没有变化 [79]。假如人的确有某种事实上的天生节奏、生理需要、不变的反应方式，那么彻底的相对主义则不可能成立，但过去的建成环境仍会有效。假如这些同样适用于情感需要和反应，适用于行为模式，那么它将对建成形式及其含义的解释造成重要影响。

有些证据既支持**感知**（perception）和**行为**（behavior）在文化上相关联，因而可变化；也支持它们是天生的，因而恒定。鉴于我们的流行文化强调人和房屋的变化要素，两种可能观点的存在其本身非常重要。总体而言，变化元素似乎比恒定元素更占主导地位，因为根据已提及建成形式的文化基础似乎可预计到这一点。然而，不是去决定支持这个还是那个，情况恐怕是**既**（both）存在某种恒定因素**也**存在某种变化因素。我们可以说，某种恒定的因素不变化，它们有高临界性；但也可以说这些需求所呈现的具体形式和文化相关并会变化，它们的临界性很低。

比如说，对感知刺激和满足的需求以及由此带来环境的视觉和社会复杂性的需求似乎对人和动物都是恒定的 [80]。但是提供给这些需求的具体形式则各不相同。通过庇护表现出对**安全**（security）的心理需求可能是恒定的，然而这种需求在房屋上的具体表达形式则可差异很大；宗教和仪式的冲动也是如此。对于交流的需求是恒定的，而具体的象征符号在变化 [81]。

如果我们更详尽地考量一个案例，就可以更清晰地理解要素共存导致的建成形式结果。我们可以认为，领域的本能，对**特性**（identity）和"场所"的需求是恒定而根本的，因此具有高临界性，而其不同的表现形式则可视为与文化关联。尽管这样会导致不同的领域和理想环境的界定方式，但此情形仍比我们假定人们并无这种本能的结果正确得多，因为住宅的一个基本功能就是限定领域。因此区别恒定和变化可以帮助我们理解住宅和聚落的形式和动机。

恒定和变化层面的区别对住宅和城市造成了深刻的影响。一些法国城市社会学家对城市空间的不同类型所做的区分——物质空间、经济空间、社会空间以及许多其他类型的空间——可以部分地按照这样的方法来理解。然而建筑师则认为区分技术空间和象征性空间更有帮助。技术空间是类似诸如浴室一类的服务空间，它们的变化有如设备和服务设施的变化。象征性空间大部分时候是生活空间，它们是恒定的，使用上是模糊的。象征性空间和领域性有关，可以澄清"种族领域"的概念，可以解释住宅和帐篷内空间的分离、领域的分离。种族领域和场所的定义很基础 [82]。场所的具体定义可以变化，一个人的场所可能是另一个人的非场所（noplace），而良善生活及其环境的定义变化也很大。因为**如何**（how）做事比起做**什么事**（what）更重要，那么变化的元素发挥着不同程度的支配作用，但如一直所假设的，并不存在对恒定性的排斥。

门槛的神圣性同样和定义领域的恒常需求有关，但它被定义的具体方式则在不同文化和时期各不相同，构成了变化的元素。不仅限定门槛的手段在变，门槛本身也在整个空间的不同位置出现。印度的庭院，墨西哥、穆斯林的住宅把门槛放在远比西方住宅更靠前的位置，而英式住宅的篱笆则置于比美式郊区住宅的开放草坪更靠前的位置（图 3.15）。尽管如此，在每种情况下都会出现分离两个领域的门槛。

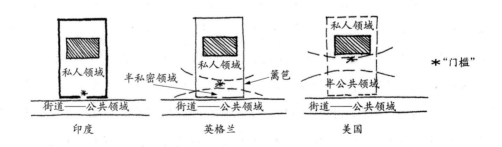

图 3.15 三种文化中的"门槛"的大致位置

人们会追问，定义领域似乎是住宅的基本事务，是否可以通过给予行为一些线索（住宅作为一种社会机制）让生活更便利一些；是否人们和动物一样在自己家园的地盘上感觉更安全也更能保护自己[83]。这种对安全的需求可能是人们必须限定场所的一个原因，而盎格鲁—撒克逊人的法律，乃至其他许多法律体系，都允许保护家园免受侵犯的做法存在，甚至允许在防卫中杀掉入侵者，通过这样的方式来承认这种对住宅的限定。

领域性的另一个方面是**拥挤**（crowding）。美国动物行为学家约翰·邦帕斯·卡尔霍恩（John Bumpass Calhoun）、约翰·J.克里斯蒂安（John J. Christian）和保罗-亨利·雄巴尔·德·劳韦（Paul-Henry Chombart de Lauwe）都认为人如动物一样受制于个体空间"泡泡"相互渗透的压力。和老鼠这样的动物相比，人可以更好地应对这些压力，因为他的防卫显然更有效。比起物理机制和具体的手段，人的社会防卫机制似乎更恒常，前者则更容易变化，更多从文化上限定。事实上，处理拥挤问题的能力随着文化而变化，我们可以认为住宅和聚落或多或少都是对付拥挤的成功手段[84]。日本的小酒馆就是减轻压力一种手段，而日本住宅也可以是这样的手段。这可能有助于解释日本人对共享墙壁的抵制，使用入口（类似于伊斯法罕和其他穆斯林地区的那种入口）来"锁住"花园和茶室[85]。可以认为，因为人们按照拥挤程度来考虑住处，这些手段变得更强烈而更显著；对待噪声和隐私性的态度同样也会变化，因为它们都属于社会的防卫机制。

普遍分隔了各个领域的院落住宅在**拥挤**（crowded）且有**等级制**（hierarchic）的文化中被使用。这种广泛流行的住宅有各种各样的表现形式，从耶利哥的简单住宅，到希腊、罗马、伊斯兰、印度、拉丁美洲的住宅，到非常复杂、有很多院落的中国井字形（Jen）住宅，都可归因于相同的需求（图3.16）。它们的形式历经很长的时间和很大的空间范围仍然保持相似，而隐藏其后的原则是一样的。其需求是可以回避陌生人，但仍留有家庭和宗族团体熟悉的领域——领域的分隔实现了这一切。如果文化整体上没有等级制，这种类型就不会发展。明白所有的这些因素——需求的连续性、领域的本能、住宅与聚落之间的关系——有助于我们理解建成形式。

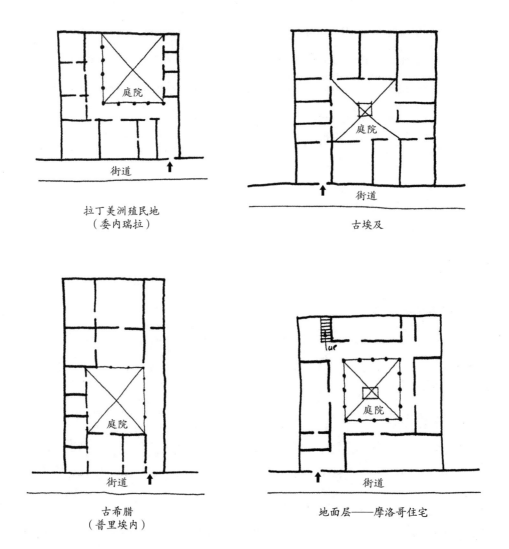

拉丁美洲殖民地
（委内瑞拉）

古埃及

古希腊
（普里埃内）

地面层——摩洛哥住宅

图 3.16 四种庭院住宅
可以在罗马、中国、西班牙、乌尔、巴比伦、
伊斯兰国家及其他许多地区看到以相似原则组织的住宅

　　过去的解决方法到现在仍有价值，这又是恒定性的另一个例子，因为提出来的新颖解决方法常常和那些传统文化中使用了上千年的方法类似[86]。

　　总而言之，可以认为，住宅形式的决定因子可以分成恒定的和变化的，恒定和变化的所有问题都和建成形式有关，它们有许多变化方式。我已提到过形式的巨大稳定性以及我们仍可成功使用旧形式的事实。一个普韦布洛印第安人可以住在600年前的房屋里[87]，最近我自己也在这种老旧的房子中住得相当舒适。实际上，我会建议所有人住在古代的希腊住宅里，唯一要调适的是技术空间。

注：

[1] Robert Redfield, *The Primitive World and Its Transformations*（Ithaca, N.Y.: Cornell University Press, 1953）, p.85. Copyright 1953 by Cornell University. Used by permission of Cornell University Press.

[2] René Dubos.*Man Adapting*（New Haven: Yale University Press,1965）,p.7.

[3] L.H.Morgan. *Houses and House Life of the American Aborigines*（originally published 1881；republished Chicago：University of Chicago Press，1965）, p.34.

[4] 它的理想要么保护传统风气（ethos），要么促成变化。见 Margaret Mead,"Our Educational Goals in Primitive Perspectives," *American Journal of Sociology*, XLVIII（May 1943）, p.9.

[5] 比如在日本，出现大量用来缓解由拥挤和等级制造成紧张的手段以及社会义务网络、精致的道德规范礼仪和对情感的压抑。这些手段既是社会的——展现并认可醉态（传统上，公众和警察对于一个醉酒之人是视而不见的），也是物质的——从这些方面可以更好地理解艺伎屋和小酒馆，特别是后者。参见约翰·费舍尔（John Fischer）在《哈波斯杂志》（*Harper's Magazine*）上的文章（July 1966），第 18 页。

[6] 参见克劳德·列维－斯特劳斯（Claude Lévi-Strauss）描述的波诺诺村（Bororo village）的案例，*Tristes Tropiques*（Paris: Librairie Plon, 1955），pp.228-229。

[7] 这一术语沿用了爱德华·特维切尔·霍尔（Edward Twitchell Hall）的说法。

[8] Susanne Langer,*Feeling and Form*（New York: Charles Scribner's Sons,1953）, pp.92ff., esp.p.95.

[9] J.B.Jackson,"Pueblo Architecture and Our Own," *Landscape*, III, No.2（Winter 1953-54）, p.23.

[10] 参见 Robert Redfield, *The Little Community*（Chicago: University of Chicago Press,1958）,p.87，关于玛雅人的四角宇宙可以同苏族人（the Sioux，美国西部印第安人部族）的圆形宇宙相对比。

[11] Georges Balandier, *Afrique Ambiguë*（Paris: Librairie Plon, 1957），pp.2-3. 作者指出传统的非洲人的思维是象征性的而不是推论性的，非洲文明在象征意义的生产上比物质生产更丰富。通过仪式和象征，人们可以对一个社会做出很多判断。

[12] 由 1967 年 3 月加州大学伯克利分校克罗伊贝美术馆（Kroeber museum）的展览内容可知，人死后会在住宅屋顶上加建一个祭坛，死者的灵魂离亲属很近，这说明即便是普通的住宅也有神圣性。戴上面具，劝说亡灵离开。

[13] 参见 Mircea Eliade, *Cosmos and History: The Myth of the Eternal Return*（New York: Harper & Row,1959），pp.4,90；也参见 *The Sacred and the Profane*（New York: Harper & Row, 1961), pp.20-67。伊利亚德（Eliade）

指出，对原始人而言，唯一"真实"的事件是神秘的事件。它们成为一种模式，并且通过"范式的动作"让非神圣的东西变得真实（第 31、45、65 页）。同时可参见 Paul Wheatley，"What the Greatness of a City Is Said To Be," *Pacific Viewpoint*, IV, No.2（September 1963），pp.163-188。他把城市当作"宇宙图像"（*imago mundi*），将天体演化视作范式模型，并在城市布局上体现出这些方面的重要性；可参见 A.F. Wright, "Symbolism and Function," *Journal of Asian Studies*, XIV, No.4（August 1965），pp.667ff。他指出，城市是一个宇宙模型。

[14] Pierre Deffontaines. *Géographie et Religions*（Paris: Gallimard,1948），p.118.

[15] Pierre Deffontaines. *Géographie et Religions*（Paris: Gallimard,1948），pp.118-119. 这种村庄的实例同时可见于 Plate 10（Munster, North Bavaria）。

[16] 据加州大学伯克利分校人类学博士 J.M. 波特（J.M.Potter）的研究成果。这一体系今天仍在香港使用，在那里我看到它被应用于一座 1965 年建造的新办公楼。

[17] Bruno Taut，*Houses and People of Japan*（Tokyo: Sanseido Co.，1958），p.29，diagram, p.30, p.31.

[18] Lord Raglan, *The Temple and the House*（New York: Norton,1964），p.138. 在第 135~152 页和其他地方，拉格兰（Raglan）给出了许多例子。有趣的是，把创造世界类比为造房子既出现在梨俱吠陀（第 139 页，早期吠陀时期的雅利安人文献），也出现在古希腊。

[19] 参见 N.R.Stewart, "The Mark of the Pioneer," *Landscape*, XV, No.1（Autumn 1965），pp.26 ff.; *Architecture in Australia*, LV, No.6（November 1966）；letter from R.N.Ward in *Architectural Review*, CXLI, No.839（January 1967），6，文中他讨论了 19 世纪 40 年代澳大利亚南部的矿藏发现和随之而来此工作的康沃尔郡（Cornish）的矿工，"他们的小房子严格遵照康沃尔的模式，然而却非常不适于澳大利亚的气候。"也可参见 Charles Cockburn，"Fra-Fra Houses," *Architectural Design*, XXXI, No.6（June，1962），pp.229 ff.

[20] 它和门槛的普遍重要性相关，门槛划分了神圣与凡俗两种空间，住宅在此被视为世界的中心（参见 Raglan，*The Temple and the House*, p.142, citing Eliade, and pp.144-145）。

[21] 参见 Eric Wolf，*Peasants*（Englewood Cliffs, N.J.: Prentice-Hall,Inc.,1966），pp.7-8, fn.7, pp.15-16。他指出这种仪式如被抛弃，就是社会崩溃的迹象。

[22] 参见 Richard Weiss, *Häuser und Landschaften der Schweiz*（Erlenbach: Eugen Rentsch Verlag, 1959），pp. 151-152。尼泊尔的夏尔巴人同样有这种习俗。只要有人进入或离开，就一直会存在重新排座的情况以维

持这种等级。参见 Von Fürer-Heimendorf, *The Sherpas of Nepal*（Berkeley and Los Angeles: University of California Press, 1966）, p. 286。

[23] Raglan, *The Temple and the House*, p. 108.

[24] Raglan, *The Temple and the House*, p. 128.

[25] 参见 G. Montell, *Journal of the Royal Anthropological Institute*, 1940, p. 82, cited in Raglan, *The Temple and the House*, p. 9.

[26] Kaj Birket-Smith. *Primitive Man and His Ways*（New York: Mentor Books, 1962）, p. 142.

[27] Deffontaines, *Géographie et Religions*, pp. 18-19,27,29. 他提到，气候的舒适度在住宅的排列上有一点的关系，但是这不是首要的原理。在第 21 页和第 23 页，他给出了更高级文化的例子——拉脱维亚、荷兰、法国——在这些地方，住宅的平面反映了宗教的信仰，这些信仰在很多案例中仍不为人知，但是其影响仍然留存。

[28] 参见 Raglan, *The Temple and the House*, pp.126 ff., 特别是第 128、132 页有关床作为宇宙中微观世界的讨论；同时见第 108 页，有关桌子的讨论。同时可参见 C. P. Fitzgerald, *Barbarian Beds*（London: Cresset Press, 1965）, 其中论述了中国椅子的相似特点。

[29] 参见 Beguin, Kalt et al., *L'habitat au Cameroun*（Paris: Publication de l'office de la recherche scientifique outre mer and Editions de l'Union Française,1952）, 书中提及了多处案例。同样可参见约鲁巴人（the Yoruba, 西非民族）、丰人（the Fon, 西非民族）及其他地方首长的围院。

[30] 我们已经看到生活的很多关键方面——经济性、食物、动物驯化，都有一定程度的选择自由，有些决策是基于文化的"非理性"因素做出的。

[31] 在太空舱的重返问题上仍有九种可能的解决办法，也就是说，仍有**选择**（choice）。参见 Peter Cowan, "Studies in the Growth, Change and Aging of Buildings," *Transactions of the Bartlett Society*（London: Bartlett School of Architecture, 1962-1963）, p.81.

[32] 即使想这样做也不行，在这里我们可以看到共同居住形式有多么不同。

[33] 我个人总结出这一概念，并已使用多年。但最近在 L.Febvre, *La Terre et L'évolution Humaine*（Paris: La Renaissance du Livre, 1922）, pp.287 ff. 中看到了类似的表述。

[34] Taut, *Houses and People of Japan*, p.38, 他惊讶于为何有如此高审美标准的人群可以接受这一点。在美国，浴室和厕所都非常重要。参见 Alexander Kira, *The Bathroom*（Ithaca N.Y.: Cornell University Center for

Housing and Environmental Studies, Research Report No.7, 1966）, p.7, 美国人宁可走远路上厕所，以避免房间有异味。

[35] Deffontaines, *Géographie et Religions*, pp.29-30.

[36] Deffontaines, *Géographie et Religions*, p.32.

[37] 考察斯巴达人和其他希腊城市的区别。关于不同类型舒适性的讨论可参见 William H. Jordy, "Humanism in Contemporary Architecture: Tough and Tender Minded," *Journal of Architectural Education*, XV, No.2（Summer 1960）. pp.3-10.

[38] Raglan, *The Temple and the House*, p.47.

[39] 参见 Deffontaines, *Géographie et Religions*, pp.20-21. 在有图腾崇拜的人群中，不同的食物禁忌要求丈夫和妻子使用不同的器皿、厨房，甚至是谷仓，比如特尔卡斯托群岛上的多布岛。

[40] L. H. Morgan, *Houses and House Life of the American Aborigines*, pp.44-45. 这些是他所认为的影响住宅形式的五个方面中的三个。同时见 Deffontaines, *Géographie et Religions*, p.20。塞内加尔的伍夫斯人在自己的住宅里一个人隐蔽地吃饭，因为他害怕被邪恶的眼睛盯上。

[41] Taut，*Houses and People of Japan*，pp.53, 64.

[42] C.P.Fitzgerald, *Barbarian Beds*, pp.1-3.

[43] 参见 A. M. Arensberg and S. T. Kimball，*Culture and Community*（New York: Harcourt, Brace and World, Inc., 1965）。此书对家庭结构的不同类型做了很好的总结。

[44] 参见 R. Maunier，*La construction de la maison collective en Kabylie*（Paris: Institut d'ethnologie, 1926）, pp.14 ff.,23. G.E. von Gruenebaum, "The Muslim Town," *Landscape*, I, No.3（Spring 1958）, pp.1-4.

[45] Deffontaines, *Géographie et Religions*, p.20.

[46] Deffontaines, *Géographie et Religions*, p.113.

[47] Deffontaines, *Géographie et Religions*, p.21.

[48] Sorre, *Fondements de la Géographie Humaine*, pp.136-137.

[49] 隐私性不仅通过白墙和其他物质手段来保护，同时也通过习俗——很少有外来者会被邀请来家中，假如他们获得邀请，也会被严格禁止进入女性眷属的区域。

[50] 参见 E.T.Hall, *The Hidden Dimension*（New York: Doubleday and Co., Inc., 1966）, p.133.

[51] Deffontaines, *Géographie et Religions*, p.20.

[52] C.von Fürer-Heimendorf, *The Sherpas of Nepal*, p.40.

[53] 参见 Taut, *Houses and People of Japan*, pp.46,68 ff. 以及其他介绍日本传统的文章。对待洗浴态度的变化应该归因于西方的影响。在西方，考虑保护洗浴隐私是一种"基本的"天性，洗浴时的隐私保护在日本出现得相当晚。

[54] 参见 Amos Rapoport, "Yagua, or the Amazon Dwelling," *Landscape*, XVI, No.3（Spring 1967），pp.27-30, citing Paul Fejos。在介绍城市环境中的墙体时，我已经指出过伊基托斯的变化（见图 2.1 和图 2.2）。

[55] 参见 Amos Rapoport, "The Architecture of Isphahan," *Landscape*, XIV, No.2（Winter 1964-1965），pp.4-11; Allan B. Jacobs, "Observations on Chandigarh," *AIP Journal*, XXXIII, No.1（January 1967），18ff。关于忽略公共领域的研究可参见 David Sopher, "Landscapes and Seasons: Man and Nature in India," *Landscape*, XIII, No.3（Spring 1964），pp.14-19。同时可参见 Francis Violich, "Evolution of the Spanish City," *AIP Journal*（August 1962），pp.170-178，这篇文章区分了穆斯林和基督徒对待城市的态度，穆斯林的住宅是内向的，他们视街道为附属物；而在基督徒那里，街道则是第一位，住宅是外向的。

[56] 这些墙体以相当复杂的方式加固，防卫性非常重要，但是外形并不是由防卫性决定的。

[57] 这一概念最初见罗伯特·克雷斯韦尔（Robert Cresswell）的文章"Les Concepts de la Maison: Les Peuples non Industriels," *Zodiac* 7（1960），pp.182-197。从这里开始，我调整并详细钻研这一概念。

[58] 比如，参见埃尔文·戈夫曼（Erving Goffman）的讨论，*Behavior in Public Places*（New York: Free Press, 1963），pp.56-59。

[59] Čapek cited in Walter Creese, *The Search for Environment*（New Haven: Yale University Press, 1966），p.105. The other comment is on p.82.

[60] 参见 Reyner Banham, *The New Brutalism*（London: The Architectural Press, 1966），p.42.

[61] 参见马克·弗雷德（Marc Fried）关于波士顿西区（West End）的研究，比如说"Grieving for a Lost Home," in Leonard Duhl, *The Urban Condition*（New York and London: Basic Books, 1963），pp.151-171, esp.pp.153, 155-157。

[62] 参见 Lévi-Strauss, *Tristes Tropiques*, p.57。美国传统可见曼哈顿规划委员会（Manhattan Plan Commissioners）1811 年的报告，cited in Tunnard and Reed, *American Skyline*（New York: Houghton Mifflin, 1956），p.57，从这本书可以看出，城市显然只被看成是一整套住宅，没有独立的存在。

[63] Laura Nader, *Talea and Juquila*（a comparison of Zapotec social organization）, University of California Publications in American Anthropology and Ethnology, XLVIII, No.3,1964, and personal communications.

[64] Professor Laura Nader, Department of Anthropology, University of California, Berkeley, personal communication.

[65] Taut, *Houses and People of Japan*, p.226.

[66] Eiyo Ishikawa, *The Study of Shopping Centers in Japanese Cities and Treatment of Reconstructing*, Memoirs of the faculty of Science and Engineering No.17（Tokyo: Waseda University, 1953）. 作者指出日本的城市从来没有类似欧洲城市的广场和其他公共空间，而社区生活必须以不同的方式出现，常始于休闲场所和娱乐中心。

[67] 参见 A. H. Shroeder, "Man and Environment in the Verde Valley," *Landscape*, III, No.2（Winter 1953-1954）, pp.17-18。当然，一开始，高一点的地面可能最受欢迎，因为它处于有毒沼泽地的上面，并且通风，但最终它成为传统，成为文化的特性，然后在不同的背景下被使用。

[68] Deffontaines, *Géographie et Religions*, pp.115-116. 在第 148 页他提出一个总的观点，"奠基者寻找位置不是从地理条件出发，而是试图顺应上帝的决定"（本书作者的译文）。如我们所看到的，尽管他所指的是城市，但是这同样适应于住宅，甚至是住宅的局部。

[69] 1962 年 10 月 30 日约翰·布林克霍夫·杰克逊在加利福尼亚大学伯克利分校的讲座。他认为这一观念仍然在相信加尔文主义的瑞士流行，他同时解释了瑞士细致利用景观的模式。

[70] Redfield, *The Primitive World*, p.110. 他认为这种变化是后笛卡尔式的；C. Glacken, *Traces on the Rhodian Shore*（Los Angeles and Berkeley: University of California Press, 1967），他认为这三种态度并存于最早期的高雅文化中。他的观点认为自然是无生命力的物质，可以通过应用技术开发它服务于人的舒适性，认为这是人的目标，这样的观点在美国、前苏联、澳大利亚等国家达到巅峰。

[71] Robert Redfield, *The Primitive World*, pp.9,11,105; *Peasant Society and Culture*, pp.112 ff.; Birket-Smith, *Primitive Man and His Ways*, p.23.

[72] Robert Redfield, *The Primitive World*, p.105；在第 106 页，他指出人和自然被紧紧联系在一种伦理秩序中；而在第 107 页他指出整个宇宙有重要的伦理意义。

[73] 参见 Paul Horgan, "Place, Form and Prayer," *Landscape*, III, No.2（Winter 1953-1954）, pp.8-9.

[74] Lucien Lévy-Bruhl, *Primitive Mentality*, trans, Lilian A.Clare（Boston: Beacon Press, 1966），p.214. 同时参见 Birket-Smith, *Primitive Man and His Ways*, p.28，讨论了将澳大利亚土著和土地紧密联系在一起的宗教纽带。如果这一联系被切断，那么部落就会解体。

[75] Quoted in Reyner Banham, *Theory and Design in the First Machine Age*（New York: Frederick A. Praeger, Inc., 1960），pp.96-97.

[76] 部分这类文化缺乏表述"直"（straight）的相关词语，各种基于直线且试验性的作品中使用的视觉幻象对它们不会产生太多影响。参见 R. L. Gregory, *Eye and Brain*（New York: McGraw-Hill Book Company, 1966），p.161 以及 M. H. Segall et al., *The Influence of Culture on Visual Perception*（Indianapolis: Bobbs-Merrill, Inc., 1966），pp.66, 186.

[77] 参见 P.H.Connel 的论文，在第四届南非建筑师与测量师大会（the Fourth Congress of South African Architects and Quantity Surveyors）上的发言，达勒姆（Durham），1947 年 5 月。同时参见 Balandier, *Afrique Ambiguë*, pp.202-203, 206 ff., 213, 224-226.

[78] 这是西格弗里德·基迪恩的术语；参见 *The Eternal Present*（New York: Pantheon Books, 1962,1964）。René Dubos, *Man Adapting*, 书中提到永久性和变化。但是，我对这一术语的使用则相当不同。这一整节的理论性很强，同时还在加州大学伯克利分校研究生研讨课上探讨过，但相关研究还远未结束。

[79] 参见 René Dubos, *Man Adapting*.

[80] 参见 Amos Rapoport and Robert E. Kantor, "Complexity and Ambiguity in Environmental Design," *Journal of the AIP*, XXXIII, No.4（July 1967），pp.210-221。这一需求的持续性体现在，即使是最原始的微生物，如真涡虫，都有这样的需求。

[81] 一个类似的证据出现在另一个领域，也算是相关领域。卡尔·荣格在符号体系的研究中指出，谋划符号的趋势一直存在，但是形式、图像在变化。参见 Jung, *Man and His Symbols*（Garden City, N.Y.: Doubleday and Co.,1964），pp.66 ff。同样可参见第 24、47 页，关于原始人的论述及第 52 页，他指出，这种原始层面仍伴随着我们。

[82] 办公建筑中的人群对于放弃他们所创造的空间一事反应非常强烈，人们会对空间无法个人化——领域化——的房子做出抵制。参见 Amos Rapoport, "Whose Meaning in Architecture," *Arena*, LXXXIII, No.916；and *Interbuild*, XIV, No.10（London, October 1967），pp.44-46。

[83] 正如我们所看到，这一定义是符号式的，就像在美洲印第安人的案例中，他们会面的房子都很隐秘，但在实体上却是开放的。

[84] 参见第六章，关于人们（印第安人、德国人、美国人）对付噪声及其他拥挤造成后果的能力差异的讨论。

[85] 日本城市广泛出现的娱乐和休闲区域也拥有相似的功能。

[86] 密歇根大学的教授理查德·迈耶（Richard Meier）在印度城市形态研究的作品中使用"半途中住宅"（half-way house），让人想起了原始文化中常常使用的类似手段，比如列维－斯特劳斯描述的波诺诺村以及从阿尔蒂普拉诺高原迁移到城市的秘鲁移民，过程自然形成几个阶段。其他恒久的例子还有至今在印度和穆斯林国家城市非常普遍的部族飞地，最近以色列的住宅项目不得不考虑到它们。

[87] J.B.Jackson, "Pueblo Architecture and Our Own," *Landscape*, III, No.2（Winter 1953-1954）, p.17. 也可参见 Amos Rapoport, "Yagua, or the Amazon Dwelling"; Edgar Anderson, "The City Is a Garden," *Landscape*, VII, No.2（Winter 1957-1958）, 5, 文中论及墨西哥旧住宅的舒适性和优点及其形式的适用性。

译注：

[译注1]　《摩纳娑工巧明艺》是印度传统艺术和工艺理论体系的梵文经典，其中 Shilpa Sastras 意思是"艺术与工艺之科学"。Manasara 则是关于铸造、雕刻、抛光和工艺制作的章节。

[译注2]　"Thou"是"你、你们"（you）的古英语形式，常见于《圣经》。拉普卜特这里提到的"我—你"（I-Thou）和"我—它"（I-It）关系说来自于奥地利—以色列犹太裔神学家、哲学家马丁·布柏（Martin Bubber）的观点。布柏区分了两种基本的"我—你"关系形式：第一种是"我—你"（I-Thou），这是一种主体与主体的关系，两者之间互惠互利；第二种是"我—它"（I-It），这是主体与客体的关系，表现为某些文明形式或控制状态，客体在其中完全是被动的。

第四章　气候作为调整因素

Chapter 4　Climate as a Modifying Factor

　　尽管我认为气候决定论不能解释住宅形式的广度和多样性，但气候仍是生成形式影响力的一个重要方面，对人们想要创造的形式有重大影响。在有限的、低技术环境控制系统条件下，这是可预期的。这种条件下，人们无法统御自然，只能适应自然。

　　气候的影响取决于它的严酷与强大程度，因而也决定了它给出的自由度。我认为要考虑气候尺度的适用性。同因纽特人相比，南太平洋岛民的住宅形式选择范围更广（当然因纽特人也有一些选择）。尽管这个事实很明显，但我将进一步讨论气候尺度这个概念。

　　处理气候问题时，原始建造者和农民建造者展现出令人赞叹的技巧；他们能用最少的资源取得最大的舒适性。这些是我们首要考察的方面（出于本章节的叙述需要，已涉及的反气候的解决方法大部分将不予考虑）。在选择适于特定地区小气候的场地和材料时，这些建造者的知识和辨识能力总会令人惊讶。同样令人称奇的是，农民建造者如何在这些条件下应用传统模式。即便在农业文化中，有时可能符合气候原理的传统选址与形式要求，也常常变得呆板僵化，甚至不允许人们调适模式来满足具体的本地需求。

埃尔文·布鲁克斯·怀特（Elwyn Brooks White）写道：

我对人类感到悲观，因为他为自己谋利时太过聪明。我们使用自然的方式是击败自然，令它屈服。如果我们自己住在这个星球时，能满怀感激之情地欣赏它，而不是怀疑和武断地对待它，我们可能会有更好的生存机会[1]。

这一方面意味着人的行动对其他生物和资源有影响，另一方面这也与人类利用房屋应对气候的方式密切相关。对于本章的撰写目标而言，房屋可看成是热处理器——但讨论时要恪守一贯的附带条件，即防范孤立单一变量的危险。

人们普遍认为，美国到处都用空调的事实表明我们常常不理睬气候条件。我们现代应对气候难题的解决办法常不管用，只有使用精巧的机械装置，住宅才可以居住，而这些设备有时甚至超过房屋外壳的成本。由这些机械装置制造出来的舒适性仍然问题重重，它可能带来一些不可预见的危险，比如过度操控与单一环境。与其说人们在控制环境，不如说在逃避环境[2]。尽管使用了很多机械设备，许多房屋差劲的热工表现证明我们不能够不理睬物质环境，也不能低估它对城市和房屋造成的持续影响。

原始和前工业时代的建造者不会采取这种态度，因为他们没有足以忽略气候条件的技术。但即便能得到这些工具，依照他们对自然的态度，是否使用这种工具也备受质疑。因此，原始建造者必须在广泛的气候条件下建造庇护所（农民面临的气候条件范围相对要小）。为自己舒适考虑（偶尔为生存考虑），他们不得不只用有限的材料和技术来建造房屋，应对气候问题。可以认为，如果考虑了恶劣的环境和可利用的资源，因纽特人面对的问题和那些宇宙飞船设计师面临的问题没什么两样。其差别比人们想象的要小。

这些建造者和工匠知道如何与自然协作来解决问题。因为任何失败都意味着个人必须面对严酷的自然力量——这和建筑师给别人做设计不是一回事——建筑师的房子大多只是个自然外罩，用来保护并协助其生活方式，**不论生活方式怎样**（no matter what that might be）。从非洲返回后，路易·康如此评论道：

我看到许多当地人建造的棚屋。它们都很相似，都能物尽其用。那里根本就没有建筑师。回来后，我的印象是，在解决阳光、雨水、风等问题时，这些人该有多聪明 [3]。

原始人造房子比我们更聪明。我们常忽视他们遵守的原则，为此付出了很大代价。但也不必浪漫化他们的成就。许多原始房屋的现实形式完全不符合我们的尺寸大小、舒适、安全和性能标准。很多人都指出这样的房子有多不健康、多不卫生 [4]。某些情况下，这些**原则**（principles）仍是有价值的现实成就。不管怎么样，解决气候问题的尝试必然带来重要的形式结果。

气候尺度 | The Climatic Scale

人只要离开了不受气候影响的地方，离开洞穴的保护来到很不舒适的地方，针对气候而设计的问题就摆在面前。这样看来，住宅是个容器，主要作用是遮蔽并保护它的居住者并容纳物品，使他们免遭动物、敌人的侵犯和**天气**（weather）这类自然力量的干扰。它是个工具，可以创造适宜人的环境，让人们自由行事，同时也保护他们，免受不良环境效应的影响。

庇护所的需求随所要克服力量的严酷程度而变化。气候尺度是确定这种要求的有效概念。单从**气候**（climatic）视角来看，如要绘制出这个尺度，会从完全不需要任何庇护所到最大限度地需要庇护所之间不断变化。依据特定的技术资源和社会要求，每个案例解决方式可以提供最大程度的保护。气候限制越严格，形式则越有限、越固化。这种形式可称为"纯粹的气候功能主义"（pure climatic functionalism），变化很少，因而选择也更少。但临界性并未完全限制选择。虽然山区严冬让人和动物几乎一直都待在室内，但仍然留给具体遮蔽形式相当大的选择余地。

我们希望在气候最严酷、物质环境最困难的地区找到最有说服力、最具启发意义的解决方式。一般而言，最常见的例子是在北极圈，尤其那些北美极圈内的完美冰庐；在沙漠地区，特别是东半球和西半球沙漠地区的泥制和石制房屋；在潮湿的热带，人们最典型的处理方式是抬高地板，加宽屋檐，不设墙体。事实上思索这些案例很重要，但可能需要在更广泛的脉络下来思考。有必要用大量例证来说明各种深思熟虑的解决方法的本质、需求并响应的**意识**（awareness）以及反气候方法的存在。

条件困难的建造者确实展现了他所掌握的该地区在形式、材料和微观气候方面的详尽知识。他们了解当地材料的吸收性、反射性和其他特性，并让这些特性最大限度地服务于舒适性并可抵御雨雪。这些建造者研究最佳朝向时展现出他们精确的**本地**（local）微观气候知识，尽管有时候事实是，决定某些实例中最佳朝向的是宇宙观而非气候原因。我们已有很多相关描述，比如，他们如何研究各种气候状况和全天不同时刻的场地条件，他们如何考虑本地的风力模式、多雾的位置、阴暗或阳光充足的地点及其与季节的关系、冷热空气的流动以及相应如何建造自己的住宅。在凯伦·白烈森的描述中，非洲人布置住宅的方式既和风、太阳、阴影有关，也和地形学有关。这种情况下，每栋住宅的形式和类型都一样。相形之下，例如欧洲农民，尽管每栋住宅基本上同其他住宅一样，但仍有个别的模式变化。

这些建造者在短缺经济条件下工作。他们的材料、能量、技术来源都很有限，相应能够犯错和浪费的余地也有限。但即使按现代的技术标准衡量，其成果仍体现出很高的水准[5]。这种情况常常出现在新开拓疆土的早期定居者身上，他们在物质短缺的条件下建造房屋。移民常不屈不挠地使用旧形式而不管它多不适合当地的气候，但最后适应气候的改造也终会出现。广泛增加屋檐以及发明外廊就是个例子。在魁北克，小屋檐逐渐扩展演化成外廊和风雪廊。房屋的选址也发生了变化[6]。在路易斯安那，同样出现了外廊的演变，增加了窗子。澳大利亚也出现了类似的变化（图4.1）。外廊提供了一个介于户外和室内的过渡空间，可坐可睡（即使是下雨的时候），可保护墙体和窗户，狂风暴雨时保证住宅持续的空气流通。

澳大利亚、美国、墨西哥的早期殖民者住宅应对当地气候的方法都很成功。这些方法更接近于原始建造者，而不是当今建造者的**观念**（attitudes）。比起同一区域的新式房屋，这种房

约 1840 年　　　　　　　　　　　　　　　　　　　　约 1884 年

图 4.1 从约 1840 年到约 1884 年澳大利亚住宅的发展过程

屋应对气候问题更为成功。早期的新英格兰住宅舒适，朝向良好，设有通往谷仓和仓库的暗道；美国的南方种植园凉爽宜人，微风习习，澳大利亚也有类似的住宅形式；墨西哥和美国西南部庄园住宅有厚实的砖墙并以天井为中心。只要把它们和相应地区的当今住宅对比就能发现传统住宅应对当地气候的成功之处。

　　所有这些原始和风土的应对方法展现了多姿多彩的设计，和某一区域某个群体的环境条件密切相关。这些应对方法也体现了这一群体如何以文化和符号诠释他们的环境条件，如何定义舒适性。这些住宅不是（not）个别的应对方法，而是具有文化代表性的群体应对方法及其对本地特性的响应——常见的气候和微气候条件、典型材料、地形。所有这些因素的相互影响可以解释：为何时间差了上千年，距离差了上千公里，不同的应对方法还如此相似；同时也可以解释：为何在明显相似的环境和区域中，不同的应对方法差异如此之大。

非物质的解决方法 │ Nonmaterial Solutions

　　有些应对气候的方法，可以最好从朝向、结构、平面形式、材料等方面分析。除此之外，还有其他的方法。其中，有种方法是出于气候原因改变一年中不同时期的居住地。虽仍和材料使用有关，这并未改变房屋无关气候和反气候的品质。尽管，比如因纽特人，改换住宅类型的因素可能因为不同季节所用的材料不同和气候变化，但很多案例中，社会因素可能是刺激产生其他替代方法的主要因素。

派尤特印第安人（the Paiute Indians，居住在北美的印第安人部族）冬天住在圆锥形结构的帐篷里，中心有火塘和烟洞。帐篷是杜松木上铺树皮，或柳树枝上铺干灌木枝或芦苇垫和草垫。这些冬季聚落还有蒸汽浴室，这儿是男人们碰面的地方，也是年轻人的住所，是整个聚落最坚固的住宅。温暖的时候，这些聚落被遗弃，换成没有外墙的方形遮阳棚，屋顶是平的，用四根杆子撑起来。或更常见的是，木桩围成圆形和半圆形风屏，铺上垫子和灌木丛，在外面堆起沙子。曲面内是火塘，沿墙是睡觉的地方。

这一类型全套解决方法在西伯利亚和中亚游牧民那里都有所显示。有些地方整年都使用圆锥形帐篷，类似于北美的梯皮（tepee，圆锥形帐篷），但外罩一直在变化，冬天用毛皮覆盖，雪可以堆到帐篷的一半高，保暖性会更好；夏天则用皮革（这和蒙古包一样，根据季节变化改变毛毡覆盖物的层数）。在其他案例中，住所在夏天和冬天的变化更大。有的夏天用帐篷，冬天使用深达几米的深坑住宅，整个冬季上面都覆盖着草木[7]。

所有中亚哈萨克人（the Kazakhs）的聚落模式都受到气候因素的限制[8]。夏天，草场无法长时间供养牲畜，牧民必须不断流动。聚落的帐篷分散在山上。冬天，防护严寒和大风的方法是集中聚落。甚至，这种防护对家畜的重要性超过了人，因此聚落一般位于河谷深处，并处在防护林的边缘。即使要更换牧场，帐篷仍沿着河谷连成一线。

在中亚，另一种处理方式是夏天不用帐篷，而用石头、木头、草皮搭起的棚屋。地区不同使用的材料也不同。这些棚屋呈矩形并在半地下，有将近3英尺（约1米）厚的墙体、厚重的屋顶、动物皮质的窗户。火塘设置在前面，刚出生的动物围着它；厨房和睡眠在后面。和住宅主体相连的侧翼棚屋用来赡养老人，安置虚弱的动物，或当仓库使用。草和芦苇扎成的高墙包围了整个组群，里面是芦苇制成的轻质屋顶，保护着其余的牲畜。这种聚落的基本形式似乎更多取决于牲畜需求而不是人的需求。

研究方法 | Method of Study

　　研究气候对房屋形式影响的方法有几种。其中之一是观察各种不同的气候类型——炎热干燥的、炎热潮湿的、大陆型的、温带的、极地的，并依照需求、形式、材料对各种气候类型的典型解决方法进行讨论。要么，依据气候尺度讨论不同住宅类型。最后，可以观察人们如何处理几种气候变量，它们的组合如何导致出现不同的气候类型住宅。

　　当影响舒适性时，气候是空气温度、湿度、辐射（包括光照）、气流、降雨的结果。要获得舒适，就要应对这些因素。处理方式是设定一些平衡环境刺激的形式，这样房屋实体既不会失去也不会获得太多热量，也不会受制于其他变量的过量压力。尽管已经证明，人是需要有些压力的。因此就气候而言，房子需要回应热、冷、地面和天空的辐射、风及其他压力，而房屋的各个部分可看成是环境控制装置。

　　我要做的就是调查各个地区应对各种不同环境影响力的解决办法，而不是用更传统的方法来描述主要气候区的"经典热能控制机制"[9]。

气候变量与回应手段 | Climatic Variables and Responses to Them

将考察以下变量：

温度（temperature）　　　　　　炎热—干燥和炎热—潮湿；寒冷。

湿度（humidity）　　　　　　　　低，高。

风（wind）　　　　　　　　　　　需要还是不需要，因此要通风还是挡风。

雨（rain）　　　　　　　　　　　大部分时候，雨水对建筑物是个问题；尤其在炎热潮湿的地域，必须挡雨且通风，雨水和气候相关。

辐射与光（radiation and light）　需要还是不需要，因此是要保留还是不保留。

尽管可按（基于严酷程度的）气候尺度来排列这些变量，但也可以就其在**形式**（form）、**材料**（materials）和**手段**（devices）等方面激发的回应来检视它们。

温度——干热。炎热干燥地区的特点是白天的高温和夜晚不舒适的低温。减少温度起伏的最佳方式是延迟热量的进入，如果这种热量是必需的，那就让它们尽可能晚地到达室内。实现的手段是使用高热容量的材料，比如土砖和泥墙、泥土、石头以及各式各样可以"沉积热量"的组合。它们白天吸收热量而晚上再散发出来；尽可能地把形体处理成**一个紧凑的几何体**（compact a geometry），让它暴露在外部高温中的表面积最小，但体积最大；相互聚集体量，可以提供遮阴，减少暴露在太阳下的面积并增加整个房屋组群的体量，因此也增加热量传递的时间间隔（图 4.2）。隔离烹饪活动，通常把它们放在住宅外面，可以避免热量累积；减少窗子的数量和尺寸并把它们放在很高的位置，以减少地面的辐射；把墙体刷成白色或其他明亮的颜色，或是减少一天中炎热时段的空气流通，最大限度地反射热辐射 [10]。

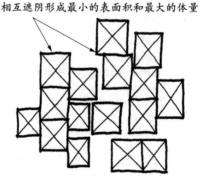

图 4.2 炎热干燥地区典型的紧凑平面示意图

另一种增加住宅热容量的手段是利用地球几乎无限的热能。在美国西南部、突尼斯南部以及法国卢瓦河谷和法国西南部，将住宅建造在峭壁上。住宅也可以建在地下，比如埃及的锡瓦

（Siwa）；人口千万的中国山西省以及其他一些地区，人们也住在地下；我们可以在以色列
找到距今 5000 年历史的地下村庄；还有澳大利亚的猫眼石矿工住宅、加利福尼亚弗雷斯诺
（Fresno）的"地下花园"（underground gardens）、撒哈拉地区的马特马塔住宅（Matmata
houses）。后者每个房间都位于接近 30 英尺（约 9 米）厚的土层下，它的热容量实际上已经
接近无穷大，建在地下的住宅比建在地表上的任何东西都凉爽（图 4.3）。

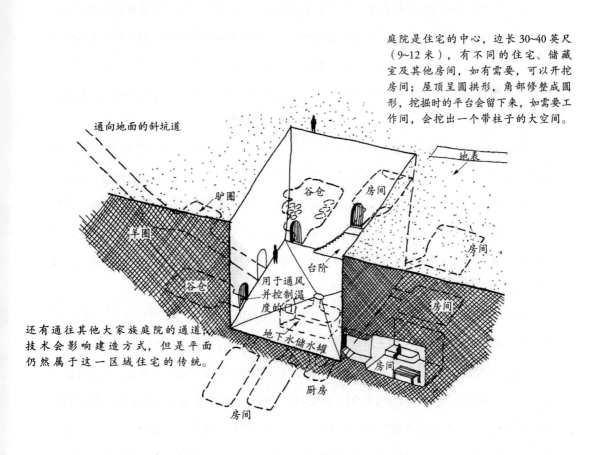

图 4.3　位于撒哈拉地区的马特马塔住宅的剖视图
（选自一系列资料，主要取自赫尔曼·哈恩（Herman Haan）的 *Architect's Yearbook 11* 以及
New Frontiers in Architecture）

晚上变凉爽后,炎热干燥地区的人们睡在屋顶上或院子里;天气变冷后,他们睡在房间里。澳大利亚房屋研究站(Australian Building Research Station)为炎热干燥区域所提出的建议很有意思,就是极大提升白天生活区的热容量(大多数现代住宅的热容量都太低),从而减低夜晚活动区域的热容量。这和传统的解决方式一样,这一点旁遮普人给出了典型案例。那里的住宅有厚实的土墙,少量开口,建造上努力阻隔太阳。结果是,室内一整天都保持着凉爽和暗黑。傍晚及暖和的夜晚就住在围起来的院子里和屋顶上,冷一点的夜晚就搬到室内。无论是屋顶,还是庭院,或是富人平房外的遮阴外廊——在室外睡觉很平常。很多住宅都有两个厨房,一个是冬天的室内厨房,另一个是夏天的室外厨房。因为大部分时候人们都在田间劳作,夏天的生活起居也多发生在户外,住宅则变成一个储藏空间而不是居所。但如果白天用到它,也会很舒适。

庭院自身应对干热很有效。它气候上的意义不亚于已讨论过的社会及心理上的意义。它能阻挡沙尘暴。如果庭院里有绿化和水体,院子就很阴凉,它们起到冷却井的效果。绿化和水体降低地面的温度和辐射,同时形成蒸发,它们实际调节了微气候。庭院使用的绿化和水体在炎热干燥地区同时还发挥了安抚与镇定的心理效应,并有助于营造室外生活区。如果把阴凉院子和阳光院子联合起来使用,热空气上升,冷空气会穿过房间从阴凉院子流动到阳光院子。

如果庭院很高,比如阿拉伯南部地区的哈德拉毛(Hadhramaut)的高房子,顶部突出的"烟囱"槽沟可以产生抽力,促成对流通风。这种方法遍及所有阿拉伯地区,也有很多的地方变体。

当我们观察材料的使用情况时,可以追问,建造这种厚墙是有意精心为之,或仅是使用石头、泥土的结果。这种材料要求厚重的墙体结构。然而,其实很多地方也可以用到其他材料,例如棕榈树圆木。而建造开敞的遮阴空间也可以不用厚重的土制屋顶。比如,非洲阿善提的棚屋就是因气候原因而有意使用厚重墙体和屋顶的明显例证。这些棚屋用木头框架撑起树枝屋顶,上面再加盖一层拍实的泥制屋顶。这种处理结构上是不合理的,目的显然是控制气候。

不仅如此，结构上这些墙体是幕墙，并不承重，但却用极为厚重的泥土建造（图4.4）。尽管有社会层面的因素，比如来自阿拉伯的影响，但这样的解决方式必然由气候因素所驱动。值得注意的是，下面的事实甚至更符合气候原理。在气候更极端的地区，阿善提棚屋为增加热容量使用了更厚的墙体，甚至把房子嵌进陡峭的崖面上；在更温和、温差变化很小的地区，则在泥土中混入大量植物纤维来减轻这些墙体体量。

图 4.4 阿善提棚屋剖视图

关于紧凑平面或房屋聚合，同样可以追问类似的问题：通过减少太阳下的表面积，或是增加遮阴要实现到何种程度？珍贵的土地资源要保护到何种程度，防卫要求要满足到何种程度？等等。与社会和家庭的需求一样，这些目的无疑都很重要，但也有实例说明就是为了遮阴。比如南加利福尼亚约库特人（the Yokuts，印第安人部族）把整个聚落都遮起来（图4.5）。此外，使用双层屋顶的实例广泛出现在喀麦隆的马萨部落、尼日利亚的包奇高原（Bauchi plateau）和印度（图4.6）。还有，新喀里多尼亚有用双层墙体的例子。

图 4.5 约库特人使用灌木条形成的连续阴影
（选自 Morgan, *Houses and House Life of the American Aborigines*, p.112）

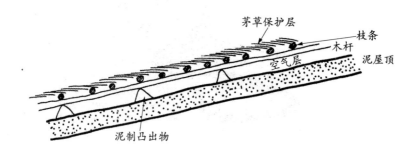

图 4.6 印度奥里萨邦的双层屋顶

双层屋顶有四重功效：

1. 雨季时，茅草散掉雨水可保护土墙（见第五章）。

2. 茅草保护土顶免受直射光，减少热量累积，阻止房屋升温。

3. 热天时空气层是额外的隔热层，而泥土的热容量降低了白天温度。

4. 寒冷的夜晚，泥土保存热量。茅草也可以保存晚上大部分的热量，因为它阻止热量向寒冷天空流失。

结构上只用茅草就够了，它甚至能阻挡雨水。用泥土明显是因其热工属性，茅草和泥土的结合非常见效。同样，不同地区外廊和百叶窗的使用也有受气候影响的成分。但如前所述，文化因素决定了如何在不同解决方式中做出选择。

温度——**湿热**。湿热地区的特点是强降雨、高湿度、相对温和的温度，一天或四季的温差不大，强烈的太阳辐射。这种气候条件下，最好的应对方式是最大限度地遮阴和最小的热容量。对于温差小的地方，热量储备没有任何好处。厚重结构会最大限度地阻碍通风。对降低房屋热量而言，通风是首要需求。这几乎正是干热地区条件的对立面。这种条件下，房屋必须开放、低热容量，保证最大对流通风，呈现窄长、广泛分散的形态，墙体则减到最少（图4.7）。

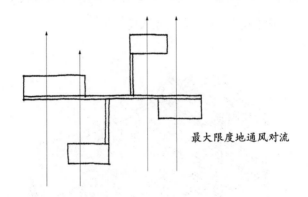

最大限度地通风对流

图 4.7 示意图展示了炎热潮湿气候区典型的狭长几何形和宽敞间距的空间组合模式

空间开敞的需求带来私密性问题，尤其是隔音私密性。对开敞性有基本需求的地区，比如在新加坡，其文化往往能容忍更大程度的噪声，也能接受更低的隔音私密性；或是像亚瓜人那样发展出社会控制手段。（空间开敞的需求同样也带来了光照的问题，这一点我将会在后面讨论。）空间开敞的需求还延伸到地板。比如，在马来西亚或亚瓜，不仅住宅地板用竹篾铺装，而且还会抬升住宅地面高度，以利于空气在下面流动。睡觉用吊床，摇一摇空气就流过身体，不费吹灰之力。如果是床垫会很快热得难以忍受。吊床的热容量基本可以忽略。

　　传统办法完全吻合新近的气候学研究。屋顶是这些住宅的支配性因素，它实际是一个巨大的防水阳伞，陡峭的屋面散落暴雨、反射太阳辐射，用最小的体量防止热量累积及之后的再辐射。它甚至能够"呼吸"以避免冷凝问题。深度挑檐既防止日晒雨淋，也保证了雨天的通风。地板常被抬升，这不仅有宗教因素，同样也为了更好地接纳凉风、抵御洪水，并阻挡大型昆虫和动物群的侵扰。佛罗里达塞米诺尔人（the Seminole，印第安人部族）的住宅是一个典型例子。其首层地板高于地面将近 3 英尺（约 1 米），屋顶上铺着美洲蒲葵的叶子，住宅敞开的一面是一层可移动的树皮（图 4.8）。这种类型的住宅要比铁皮屋顶的木头、砖墙、石头住宅舒适得多。然而在这一地区，后者正取代前者。

图 4.8 佛罗里达塞米诺尔人的住所（平面尺寸大约为 9×16 英尺（约 2.7×4.9 米））

　　我曾经讨论过亚瓜住宅[11]；美拉尼西亚住宅元素也一样。那里的住宅要么没有墙，只垂挂椰树叶编成的帘子；要么墙体开放，挂着垂直镂空椰树叶的肋条。这类解决方式中最极端的案例是哥伦比亚的最低限度住宅，它只是一个搭在支架上的草顶，这个支架同时支撑吊床、各种储物篮、袋子等物件（图 4.9）。

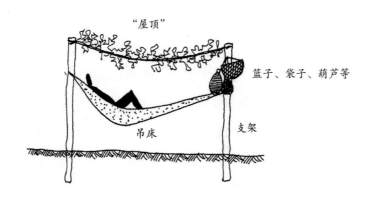

图 4.9　哥伦比亚的最低限度住所
（选自 *Housing, Building, and Planning*, No.8, Nov., 1953, p.91）

相反，有些地区并没出现预计的解决方法。玛雅人在炎热潮湿的气候中建造无窗的石头住宅，而日本住宅不像人们想的那样，设计得很有效。尽管如此，虽然具体形式不同，在各类地区对气候条件的优化原则都是有效的。比如出于通风需要，海地的住宅既可使用坚实墙体和巨大的落地门，也可以换成竹篾的墙体。此外，屋顶上遍布天窗以收纳凉风，促进对流，排出热空气。

在穆斯林地区，比如巴基斯坦和印度北部，社会对待妇女的态度至少让视觉隐私需求变得重要。但这里应付炎热潮湿的基本方式是空气对流，于是他们发展出一种多孔屏风——迦里（Jali）。这种屏风既保障了遮阴和妇女的隐私，也促成了有效的空气对流。同样是这个地区，湿热只是季节性的，城市住宅高达 15~20 英尺（4.6~6.1 米）的天花板让炎热干燥季节的冷空气晚上进入室内，而白天有效地把冷空气储存起来。但炎热潮湿的季节只要有空气对流，这种办法就没什么效果了。寒冷的冬季，这样的房间难以加热，此种办法反而变成了一个劣势[12]。

温度——寒冷。寒冷有不同的程度，强度和持续时间各有不同，然而保暖原则和炎热干燥条件下的原则相同而且密切相关。除了热源来自**室内**（inside）而不是**户外**（outside）以及反方向阻挡热能流动这些区别，两者原则基本相同。住宅供暖的办法有很多，住宅中心常常设置大火炉，或利用烹饪的热量以及人，有时是动物散发出的热量。避免热量损失的办法包括使用紧凑平面、让暴露室外的表面积最小、使用隔热性能好的厚重材料、防止气流和空气渗漏。雪是一种良好的隔热材料，常用来加厚屋顶，因而影响到屋顶的形式、尺寸和强度。这里和炎热干燥区域的唯一差别是意图尽可能多地吸收太阳辐射，因此会使用偏暗的颜色。但与之相比，遮挡寒风与减少暴露于冷表面积的要求往往更重要，因此常常出现紧凑组团和地下或半地下住宅。

思考努力解决这些问题时，很难不讨论冰庐及其他因纽特人的解决办法。对付强烈的、持续寒冷和强风的要求导致了冰庐的形式。这种干雪制作的房屋仅中央因纽特人（Central Inuit）[译注1]使用。格陵兰和阿拉斯加的因纽特人用石头和泥土建造他们的冬季住所，只在狩猎时用冰庐作过夜住所。这些案例至少都能防风，最大的体量配最小的表面积。这方面，冰庐的半球形状表现得最完美，海豹油灯可以高效地加热冰庐，半球形状利于点式的放射热源聚焦于中心。

我们还可以细致地讨论冰庐的精巧之处，但它已被广泛描述和分析，这里只提及一下它的地面高于地道出入口。这种办法排除了气流流动，同时由于热空气上升，冷空气下降，可以使庐内的人待在更暖和的区域。夏季，因纽特人住在半地下的住宅里，其平面和冰庐相似。石头或泥土垒的墙高达5英尺6英寸（约1.6米），入口狭窄而且处于地下，地面层又比入口高。鲸肋骨和浮木搭的椽子上覆盖着双层鲸鱼皮，中间长满了苔藓，它们组合成一块高效的三合板。

某种程度上，类似御寒的意识已经出现在前面讨论的阿善提案例中。比如说，和有些因纽特人一样，西伯利亚的雅库特人（the Yakut，居住在西伯利亚东部的黄种人民族）也用木框架结构，上面盖着木头和厚实的泥土（图4.10）。虽然这种房屋结构上并不合理，但它回应了气候的要求，比原木屋更温暖。原木屋有很多缝隙，很难用油脂填缝严实，也不防风。

爱尔兰石屋低矮并紧贴地面，抵抗严寒和狂风的效果很好。同一问题的类似解决方法随处可见。瑞士农民把牛养在屋里，这样既可以提供额外的热量，天冷下雪时也可很容易便找到它

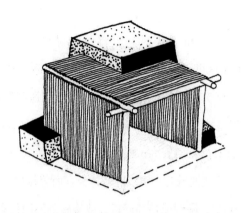

图 4.10 西伯利亚土木住宅的剖视图

们而不用走出去。不过，也可以像新英格兰农场那样用连廊来解决这一问题。日本北部城市的骑楼体现出冬天交通流线在平面形态上的重要影响。这种方式以及因纽特冰庐的地下通道异曲同工于干热气候地区的解决方式，比如马特马塔地下连接通道和阿拉伯城镇的遮阴街道。

寒冷降雪的冬天，空气很湿润。这种空气条件连同很低的气温让衣服和其他物品的干燥成了大问题。这同样也是热带潮湿地区的问题。但在这些地方，可以通过露天场所和完全开放的住宅解决这一问题。而在寒冷地区，这种方式完全不可能，因为打开窗户房子太冷了，而户外又不能加以利用，而且很多地方的隐私要求会阻碍住宅的开敞。因此，我们发现大炉子附近的干燥间，或干燥廊和开敞阁楼，比如法国萨伏伊（Savoie）的阳台深达12英尺（约3.6米），可用于晾干衣服和蔬菜。

湿度。思考高湿度和低湿度的问题要联系相应的炎热类型，因为温度和湿度一起影响舒适性。湿度高的地方，不借助机械方式很难降低湿度，而通风往往导致建筑实体流失热量。湿度低的地方，可以用水和植物增加湿度，或用加湿装置，比如印度和埃及的传统住宅会在窗户上挂草垫，或用多孔陶器滴水。

　　风。风也和温度有关。实际上，风速、湿度、温度都可纳入**有效温度**（effective temperature）的概念。有效温度可用来测度舒适性。想获得舒适，要么通风，要么挡风。天气很冷而且很干燥时，一般不喜欢有风；天气很热且潮湿时，通风则是最基本的。

　　最原始的控制风的手段是挡风墙。很多地方都用挡风墙。比如，澳大利亚土著用树枝和袋鼠皮制作挡风墙，马来亚的塞芒人（the Semang）（图 4.11）和美洲印第安人也这样做。阿拉伯帐篷也使用挡板。需要挡风或通风时，可以旋转挡板。而美拉尼西亚、萨摩亚（Samoa），还有南非的科依桑（Khoisan），降低或抬高墙板，或旋转到不同位置以挡风或通风。因为捕捉来风一般比阻挡通风容易得多，我将更详细地考察后一种情况。但是，通风和挡风会引发形式上的基本差异。对比日本的住宅和新墨西哥的土坯房，或对比亚瓜和阿拉伯的房子，我们理解这一点就很直接了。

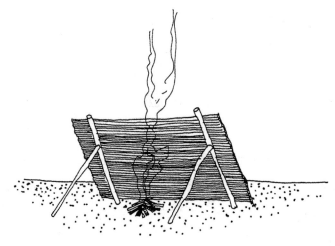

图 4.11　塞芒人的挡风棚

　　不难想象，同时面临多个问题的地区展现出超强的解决能力。因纽特人和蒙古人都生活在强风区，特别是冬季。冰庐和蒙古包都是极成功的解决办法——使用近似半圆的形状（尤其是冰庐）。这种方法的优点我前面已有讨论（图 4.12）。同样可以看到中亚牧民在选址和遮蔽措施上的细致。因纽特人选址也非常小心谨慎。他们会在陡峭悬崖的背风处选择最佳的遮蔽点，并让冰庐朝向海滩（大海是食物的主要来源）（图 4.13）。

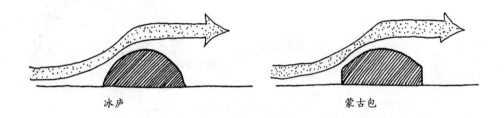

图 4.12　风与冰庐和蒙古包的形式

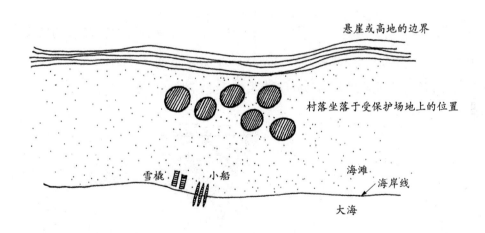

图 4.13　因纽特村落的位置

　　穿过弯曲又能挡风的地道，进入冰庐。一个住宅组群共用一个主要出入口，各住宅间以室内通道相连接，这样可以更有效地缓冲风力。地道配有温暖空气的过渡区，抬升的地板也利于挡风。出入口与风向平行，避免正面来风，或者处于上风面，被低矮的雪墙保护起来，毕竟在下风面会面临风吹导致的堆雪问题（图4.14）。

图 4.14 穿过冰庐的剖面示意图（忽略了很多细节）

平原印第安人 [译注 2] 用两片大"耳朵"（也像"舌头"）来控制圆锥形帐篷的来风。两根插进袋子里的长杆支撑着"耳朵"或"舌头"。天气好时，可以调适杆子把它们打开，让空气和凉风进来，把它们收拢在一起则可以防风避雨或保存晚上的热量（图4.15）。

图 4.15 印第安人的帐篷——梯皮（Tepee），展示了可控制风力的"布片"

在诺曼底，风也是个问题。农舍的茅草屋顶像一艘倒扣的船，船首朝西临风，船尾朝向避风的东面（图 4.16）。

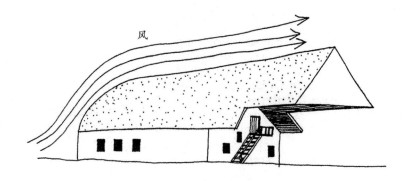

图 4.16 诺曼底农舍（选自保罗·雅克·格里洛（Paul Jacques Grillo）所著的《何为设计？》（*What Is Design*？）中第 106 页及作者自己的观察）

在其他很多地方，住宅选址要么避风要么尽量迎风。在加拿大和墨西哥，这种选址被编制成西印度的法典和传统。在爱尔兰和特里斯坦—达库尼亚群岛（Tristan da Cunha，南大西洋群岛），那里的石屋都半沉于地下防御狂风。总的来说，普罗旺斯是个温暖的地区，但也会有北方来的冷风——密史脱拉风（Mistral，法国南部及地中海上干寒而强烈的西北风或北风）。这里的住宅一般建在山谷里，北墙只有一层高，不开窗或少开窗；而朝南的墙有两层高，有很多装有百叶窗的窗户，因为当地树荫很少（图 4.17）。人们也会用开敞的门廊来代替能遮阴的树木。在瑞士，选址方式也相似（图 4.18）。

俄勒冈谷仓也有类似的处理方式——屋顶的长斜面朝向风，檐口离地面很近。冬天，屋檐下堆满了干草垛或苜蓿草垛，从而形成连续雪层直到覆盖屋顶。南墙被涂成了暗红色，有助于吸收阳光。动物体热和雪层隔热保持着谷仓的温暖。

在瑞士，屋前插上专用风杆削弱风力的做法曾被广泛使用[13]（图 4.19）。在其他地方，实现这一效果的做法是在宅前或围绕住宅种植防风林。这些树丛主导了景观，同时也成为平原上的房屋标记。

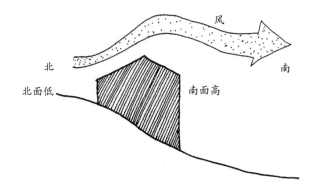

图 4.17 抵御北风的普罗旺斯住宅

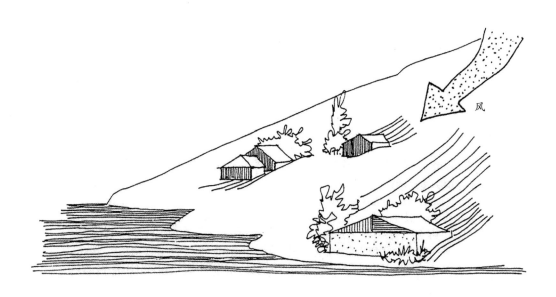

图 4.18 处于最佳位置、可抵御寒风的瑞士住宅（选自 Weiss, *Häuser und Landschaften der Schweiz*，p.188）

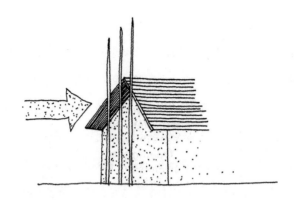

图 4.19 瑞士的风杆，用于阻挡风力保护住宅（选自 Weiss, *Häuser und Landschaften der Schweiz*，pp.96—97）

雨。雨水主要是影响房屋的建造，将在第五章讨论。在干燥地区，保存雨水并防止它蒸发掉很重要。在一些加勒比海的岛屿上，住宅下面会设有蓄水池。在意大利的特鲁利，住宅里面就有这样的蓄水池，对住宅有冷却并加湿的效用。

在炎热潮湿地区，宽大的屋檐和敞廊使得下雨时也可以开窗通风，它们成为气候影响房屋形式的重要因素。南非纳塔尔省（Natal）的一些部落，实际上使用雨水来调整作为住宅回应气候的方式。他们修建的房屋框架很轻，外面覆盖着编好的垫子。气候干燥时，垫子收缩，气流穿过缝隙流通。气候潮湿时，纤维膨胀，垫子就变成了几乎能防水挡风的薄膜。

辐射和光照。炎热地区普遍不欢迎辐射和光照，会用各种手段来避开它们。寒冷地区，尤其在冬季，光照和辐射很受欢迎。尽管大窗洞会带来寒冷和热量流失的问题，人们还是敞开大窗，比如在荷兰和挪威。因纽特人用冰和动物皮革制作窗子，这样可以直接面朝太阳，无论冬季太阳在什么地方。而白昼漫长的夏天，他们会用深色帐篷阻挡光线。

就像我们所看到的，炎热干燥的地区会用各种方式避免太阳直接辐射。此外还有其他方面的选择问题，因为一旦确定需要排除多余光线——对"过量"的界定变化不一——会有许多不同的解决方法，而每种文化用自己的方式来解决这个问题。实现同样的目标，在北非可以是只开少量的、很小的窗户；在西班牙和意大利，开大窗户并装上暗色百叶窗；在亚瓜，住宅是宽屋檐、无墙体，使用暗色材料；或者在路易斯安那和澳大利亚，采用宽大外廊（现在已被大型落地窗取代）。设计好的外廊和屋檐可以包容冬季低日照角度的阳光，同时挡住夏天较高日照角的阳光。在日本、亚丁、桑给巴尔及古希腊，这种做法已成为传统。

　　炎热干燥地区的另一重要因素是地面辐射。如果地面没有植被遮挡，它是眩光和热量的主要来源。为避免这种热辐射，住宅的开窗往往很高或在住宅周边环绕遮阴廊道，并努力用植被和水环绕住宅周边，尽管这点很难做到。有些地方种植落叶树木，冬天叶子脱落后，太阳光就能照进来，夏天阳光会被叶子遮挡住。通过蒸腾、蒸发、遮阴、反射，树木还能令住宅周边清凉。在这些地方，我们发现房屋所采用的几何外形能让房屋在太阳下不会产生眩光反射。有时候，人们会试图将整个聚落遮蔽起来，比如前面已讨论过的南加利福尼亚例子；在西班牙、日本、阿拉伯国家及北非，也有遮蔽整个街区和市场的实例。这些地方，阴影常常吸引人群过来。在设计传统聚落时，这一点已深入人心。

　　潮湿热带的眩光反射问题比沙漠的太阳问题还要糟糕。乳白色天空的眩光几乎让人无法承受，这也是为什么这些地区的住宅有渗风的墙，而不是完全无墙；当然隐私性也是另一个原因。比如在马来西亚，墙体由竹子竖向排列或编织而成，穿过精细编织的光线很好，却又完全消除了眩光。窗户无法实现这一效果。这也是印度、巴基斯坦，还有其他一些地方采用多孔屏风的隐含原理。除了保持通风并让妇女可观察到外面却又不被外面看到，这些屏风减少天空和地表可见光线以减少眩光。哈德拉毛的瑟伍（Sewun）以及其他阿拉伯国家的格子窗，还有桑给巴尔有格窗的轻型外廊也有同样功能，而后者还悬挑在步行道上，给它遮阴。有些马来住宅的檐口很低，外廊宽大，这样既可屏蔽天空眩光，也可防止日晒雨淋，同时还能对流通风，而白色的天花板也让照到室内的光线均匀分布（图 4.20）。

图 4.20　马来住宅

注:

[1] 引用获得怀特先生的许可。

[2] René Dubos. *Man Adapting*（New Haven: Yale University Press, 1966），pp.14, 28, 42 ff., 51, 55, 88, 422-423 以及这本重要著述的其他各处。

[3] "A Statement by Louis Kahn," *Arts and Architecture*, LXXVIII, No.2（February 1961），p. 29.

[4] 见 Max Sorre. *Les Fondements de la Géographie Humaine*, Vol. 3（Paris: Armand Colin, 1952），pp.147-148；同时可参见墨尔本大学最近的一项研究，这一研究表明，新几内亚茅草屋顶滴落的污垢会导致慢性肺部过敏性疾病（*The New York Times*, July 16, 1967, p.55）。在委内瑞拉，茅草、板条、灰泥建造的房屋经常藏有携带当地疾病的昆虫（查加斯病（Chagas））。同样有证据表明，因纽特人的住宅会导致支气管扩张，这是一种肺部疾病。参见 *The New York Times*, August 9, 1967, p. 23。

[5] 参见 James Marston Fitch and David P. Branch，"Primitive Architecture and Climate," *Scientific American*, CCVII, No.6（December 1960），pp.134-144; Victor Olgyay. *Design with Climate*（Princeton: Princeton University Press, 1963），the early chapters.

[6] 参见 J. E. Aronin, *Climate and Architecture*（New York: Reinhold Publishing Corporation, 1953），p.7.

[7] 当然，很多地方和很多时期都存在地坑式住宅——北美的印第安人、新石器时期的日本人，还有美国西南部地区。普韦布洛人的基瓦会堂和加利福尼亚西南坡莫印第安人的圆形住宅一样，是正式版本的地坑式住宅。

[8] 将之与同一地区的蒙古人对比会很有趣，这种对比可成为对气候决定论的批评。蒙古人只是改变他们帐篷上的覆盖物。根据 Spencer and Johnson, *Atlas for Anthropology*（Dubuque, Iowa: W. C. Brown Co., 1960）第 23 页的叙述，这两个民族都生活在中亚大草原地带，蒙古人居住在贝加尔湖以南，哈萨克人生活在里海、咸海、巴尔喀什湖之间的区域。至少总体而言，两个区域都有相似的土壤和气候条件。

[9] Fitch and Branch，"Primitive Architecture and Climate," p.136.

[10] 这里的"程序式通风"方式（programmed ventilation）——室外凉爽时敞开房间，室外炎热时则紧闭房门——只在延时很久时才发挥作用。若这种情况不能实现，那更多是走向另一个极端。即便空气非常炎热，也要造成最大程度的通风。这是阿拉伯式帐篷所采用的方式，帐篷无法利用热容。我在最近参与的一项有关干燥炎热地区低造价房屋的研究项目中，也得出了相同结论。参见 H.Sanoff, T.Porter, and A. Rapoport. *Low Income Housing Demonstration*（Dept. of Architecture, University of California, Berkeley, November 1965）。

[11] Amos Rapoport, "Yagua, or the Amazon Dwelling," *Landscape*, XVI, No.3（Spring 1967）, pp.27-30.

[12] "Islamabad," *Architectural Review*, CXLI, No. 841（March 1967）, p.212.

[13] Richard Weiss, *Häuser und Landschaften der Schweiz*（Erlenbach-Zurich: Eugen Rentsch Verlag, 1959）, pp. 96-97.

译注：

[译注 1] 中央因纽特人，是居住于加拿大北部的因纽特人。

[译注 2] 平原印第安人，过去居住在美国和加拿大大平原地区的北美印第安人部族。

第五章　建造、材料和技术作为调整因素

Chapter 5　Construction, Materials, and Technology as Modifying Factors

社会文化层面的因素——生活方式、共同的群体价值观、追求"理想的"环境——决定了住宅应采用何种形式。但是，就算这些问题能确定下来：住宅是个人的还是共同的，是永久的还是简易的，是整个生活的环境还是更大聚落的一部分；就算为适应场地所做的适应性调整也已实现，住宅形式也响应了气候影响力，一些普遍性的问题仍然存在，即那些和建造相关的问题。

创造任何类型的场所，都必须把空间围起来。建筑中可以用到并可选择的材料与构造技术强烈地影响并调整着房屋的形式。住宅回应气候造成的物质压力——热、冷、湿度、辐射、光；住宅也必须以同样方式在结构上回应机械压力——重力、风、雨、雪。为什么建造（它当然涉及技术）和材料最容易被视为调整因素？因为尽管本质上很基础，但它们并不决定形式。它们仅仅让形式得以成立，而选择何种形式则由其他因素决定。它们可以让特定形式**无法实现**（impossible）。作为一种工具，它们调整着形式。

建筑的根本问题，建造的首要问题是**空间跨度**（the spanning of space）——聚集重力并将之传递到地面。实现这一点，通常需要材料有适当的张力强度以及合理的重量强度比值[1]。原始条件下，这些材料的来源很有限：源于动物（骨头、皮、毛毡）或植物（木料，或者折叠、编织、捻成席子、织布和绳子形状的各种植物纤维）的有机材料。前工业风土房屋唯一添加的材料是偶尔出现的少量金属。在那些很少能用到或很难获得这些材料的区域，却发展出一些特殊的构造形式，比如，蜂巢式或真正的拱顶和穹隆。在有些实例中，比如像普韦布洛，需要高抗拉强度的材料意味着运来木材要长途跋涉。由于木料稀缺，木材横梁用整根木材制作，以至于房子会部分凸起；这些横梁会被多次移走并再度使用。

严重的材料短缺在原始和农业环境中很常见。因纽特人只有雪和冰、皮毛和骨头以及一些浮木；苏丹人有泥土、芦苇和一些棕榈木；西伯利亚的牧民只有毛毡、兽皮及少量的木头；而生活在秘鲁的的喀喀湖的乌鲁人（the Uru）和伊拉克的沼泽居民只有芦苇。一方面这种材料的稀缺并不能决定形式，另一方面它确实让某些解决方式**不可行**（impossible）并在一定程度上减少了选择的可能。再加上技术限制，材料的稀缺会对形式产生较大影响，因为可能的形式变化少了。类似于那些天气和财富带来的限制，这种材料稀缺的典型印证了**临界尺度**（scale of criticality）的概念。

这些限制越极端，选择就越少。但总有些选择会存在。限制迫使人们必须用最直接的手段为人类各种活动创造所需空间。有限的材料和技术常被运用到极致来限定场所。在这种情况下，建造者还能充分利用他手上的技术。相比之下，我们的技术手段几乎没有限制，但我们建房用到的手段总不会超过我们拥有的手段[2]。原始建造者保护材料很在行，因为他们非常了解自己的行为和材料的性能。这些知识不仅仅关于气候响应和建造，同时也包括风化的知识——如何让材料和房屋构造抵制住时间和气候的侵蚀。这种理解最后会产生清晰而直接的解决重力和风化问题的办法。

本章讨论空间围护、风化、风力、轻便性等普遍性问题；讨论不同人解决这些问题的方法以及解决办法带来的形式结果。这里不讨论社会—文化、气候、视觉方面的问题。讨论的重点放在解决方式的独创性上，即如何以最简单的方式、周到且直接的设计来实现最大的成效以及所有这些因素对房屋形式的影响。

其至有些解决办法在结构上并不合理，这完全类似于反气候的例子，尽管这样的案例数量很少，可能外界限制更为苛刻。比如，很多地方都有在横梁上架平地板的做法。结构上，屋顶应尽可能轻盈，结构的固定荷载要保持到最小。然而，在炎热地区，有时会用结构上不合理的厚重土屋顶，但这种屋顶会增加热量上升的时间差。前面已提到过阿善提棚屋的例子，同样的类型构造也会出现在一些伊朗住宅上。细长的木柱支撑着这些住宅的屋顶，屋顶上再堆着将近 3 英尺（约 1 米）厚的泥土，泥土上又覆盖着草或瓦以防雨淋（图 5.1）。结构上，厚重的土墙其实没有必要，效率很低，所以很明显，气候控制是目标。

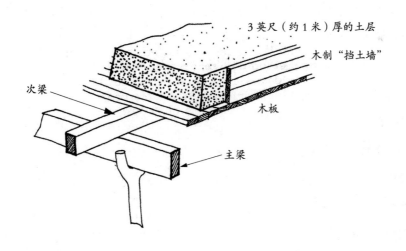

图 5.1 伊朗住宅的屋顶（设拉子附近）

因为解决方法的数量有限，至少主要的解决方法数量有限，所以在原始和风土房屋中能找到每种构造形式，其中包括许多被认为全新的结构概念。不论是古代耶利哥或卡塔胡由克的泥石承重墙，还是波兰的比斯库宾（Biskupin）的原木和茅草构造，还是框架构造和幕墙，这些可以追溯到史前史的结构形式的样例很多。比如，普韦布洛连续浇筑的结构、亚洲和非洲的预制结构、阿拉伯帐篷的张拉结构、亚瓜住宅中的空间框架。所有的这些房屋元素——墙体、屋顶、门、窗等——都可以找到最直接的早期形式。实际上，要是我们愿意，都可以追溯这些元素发展成高雅建筑的过程；在伊朗，有些波斯城市的形式与风土房屋的形式有关。反过来，高雅风格也能影响风土房屋，比如奥地利和瑞士的乡村巴洛克风格。

因为建造目标是空间围合，创造可用的场所最重要。问题基本上变成了既要横跨空间又要限制房屋平面和剖面的体量。结合已讨论的结构限制，结构目标意味着连接空间的方式极大地影响着形式，但没有完全决定它。比如著名的古埃及拱券，可以解决这些问题，但只用于看不到它们的地方，因为它们背离了房屋的一般意象。同时，神庙里交错布置大体量的柱子，故意夸张以强调它们[3]。住宅中不会发生这样的情况，因为比起神庙来，住宅要求的活动空间有更高的功效临界性。

对于讨论过的每种主要建造类型，我希望从多种可能中找出一些实例，并对相关问题作一些评论。具体问题以及它们不同的解决方式如下：

建造过程　行业分工、合作等。

作为选择基础的材料

轻便性

预制性

侧向力

风化

重力　主要的问题和各式各样的解决办法——纯拉力、框架、压力、承受垂直荷载的元素。

建造过程 ｜ The Process of Construction

如前所述，原始房屋向前工业风土房屋发展的过程中，逐渐出现行业分工。甚至原始人已经有一些专业化的例子。比如，南太平洋地区的酋长住宅是工匠建造的，而大多数住宅是居民自己建造。一般而言，农民不只是种田人，他们还得给自己做衣服，制造器皿和工具，建造房屋。尽管普通人和工匠共同参与房屋建造事务，虽然工匠只是兼职的专家，但比起原始人，农民中的专业建造者已很典型。

合作建造的习俗不仅有助于克服建造任务的复杂性，也具有社会意义。在这方面，菲律宾宿雾（Cebuan）的住宅很典型。如果是社会因素导致了合作建造，某些复杂或难度较高的技术和形式就会应运而生。比如，达荷美（Dahomey，中西非国家贝宁的旧称）的丰人（the Fon）会组建合作建造团体——多卜科韦（Dopkwe），村里所有男人都是这个团体的成员。它会协助房主完成最适于团体劳动的三项任务——开垦农田、建造墙体、铺设屋顶。主人一般会备好食物，老弱病残则不必提供吃喝 [4]；他们的社会确保老弱病残者能获得生存的最低所需。预制一个屋顶，运到住宅那里，并在现场吊装就位，类似这样的任务明显需要合作。在非洲、印度支那和美拉尼西亚，在美洲印第安人那里，在孟加拉湾的尼科巴群岛（Nicobar），还有在美国——算上新英格兰的吊装聚会和中西部的谷仓建造，这种实践相当普遍。

在卡比尔人（the Kabyles, 卡比利亚人，居住在阿尔及利亚北部卡比利亚的柏柏尔人）那里，合作特别受重视，工匠和普通人都参与合作 [5]。卡比尔人住在瓦屋顶的石头住宅里，其建造非常复杂。除了工匠，家庭和村社团体承担了主要的责任。家庭、邻居、朋友都会施以援手，它几乎是集体建造的真正样板。一方面这种合作可能是建造复杂房屋的要求，如果不这样房子就建不起来；另一方面，建造房屋同时也是经济事务，社会合作的需求可能先于复杂形式的使用，并确保使后者有实现的可能。建造住宅涉及两个不同阶段：准备阶段，此时要选择场地、收集材料并运至场地；建造阶段，直至住宅真正完成。参与建造的两个社会群体都是本地的——血缘（家庭）群体和村落群体（社区）。大家族群（extended family group）是主要的建造团体。他们展现团结的方式是围着公共院子居住一起。男人、女人、儿童都来帮忙，展现出经济领域和社会领域的家庭团结。然而，这还不足以完成任务。如果建造任务和仪式有需要，会召唤村社团体。正如最原始的文化和农业文化一样，建造有着重要的仪式和宗教含义；技术活动关联神秘活动。建造和仪式的任务既漫长又复杂，而且不能设想技术事务优先于仪式事务。建造过程中在各时间点的仪式把物质和精神行为联系起来。在日本、南太平洋、中国和斯堪的纳维亚，这样的例子很多。这一过程构成了以房屋建造为代表的复杂多样活动的一部分，其本质是集体工作。每个人都参与建造，尽管有专业化的工作但不常见。

作为选择基础的材料 | Materials—Basis for Choice

人们通常认为，原始和前工业的风土建造者们经常使用最容易获得的材料。人们还认为，既然材料决定形式，那么本地材料的特性决定了形式。这些过于简单的观念肯定有问题。已有事实证明同样的材料能产生非常不同的形式。然而，是否必然会使用本地材料的问题还未被讨论过。尽管大多数情况下，明显会用到这种材料，但这仍远不是普遍状况。

许多情况下，使用耐久坚固材料的习惯决定了材料的选择，比如石头会用在祭祀房屋和坟墓，而住宅则多由不耐久的材料建造[6]。印度阿萨姆邦（Assam）、前哥伦布时期的美洲和南太平洋的许多地区都是这样做的。在这些地方，酋长的住宅、独木舟屋、神庙是石头建造的，而住宅则是木头建造的。

然而，许多住宅的实际情形比一般想的要复杂得多。实际上，有些原始人专门种植建造房屋使用的材料。在南太平洋，在村庄周边种植西米棕榈（sago palms）更多地是为了获得造房子的树叶而不是食物。也不要以为很多地方只用本地材料。比如，法国瓦莱州（Valais）西部的住宅大多用石头建造，而其东部则大多用木头造房子。尽管两个地区都能用到这两种材料。瑞士的科镇（Caux）和法国的卡昂（Caen）木材很少，石头很多，但这两个地方仍有木造住宅，而诺曼底有些地区木材资源相对丰富，但也有人用石头造房子。在艾达（Aydat，法国多姆山省的一市镇）和多姆山（Puy-de-Dôme，法国中部省份），石头多到人们不得不用其建造田地围墙以清理出场地，而这里的住宅直到 19 世纪大多还是木头造的 [7]。

　　当然，你没法用那些无法找到的东西。这是另一类**消极**（negative）影响——没有的材料用不到，而既有的材料却不一定要用。因为临界性低，所以有选择。时尚、传统、宗教禁忌或优先价值决定着使用何种材料，因此该用何种尺度来考察材料使用就非常重要。例如，维达尔·白兰士给出了一个欧洲材料使用的分布图，它标示出在法国的大部分地区，除去诺曼底，都使用石头。这可能没有考虑前面讨论过的变化 [8]。

　　在威尔士的蒙茅斯郡（Monmouthshire），有个地区直到 17 世纪还用木材造房子，但之后就改用石头，尽管木头并不难用到。这是时尚影响住宅变化的一个实例。传统则一直影响着赫里福德郡（Herefordshire）。直到 17 世纪，这里还用木头造房子，尽管也能找到石头。而直到最近德文郡（Devonshire）的住宅还用"圆块"（cob，泥制）建造，虽然这里并不难找到木头和石头。威尔士边境的条件和德文郡的很像，然而那里没有泥土造的住宅 [9]。

　　宗教禁忌也能影响材料使用。印度有些地方的住宅禁用砖和瓦，而神庙则除了门以外其他部分禁用木材 [10]。另一种选择的基础是威望价值，这一点可以和前面已讨论的马来亚、秘鲁及其他地方使用镀锌铁皮联系起来。包含了大量辛劳和体力的材料很显尊贵，因此获得统治者和祭司们的偏爱。特定材料可能和移民迁徙前的习俗有关，代表着一种古老的生存方式。我们看到，到了新地区的移民仍然坚守旧住宅形式的韧性，选用材料时也有这种情况。加利福尼亚就有很好的例子：该州北部各县的西班牙人继续用土坯，俄罗斯人用圆木，美洲人则用框架构造；很少有人用石头，尽管石头是容易得到的材料。

轻便性 | Portability

轻便性要求似乎有很多限制，但其实仍有很多解决办法，从各式各样的帐篷，到美洲西北部印第安人的大型住宅，再到因纽特人狩猎时过夜的冰庐。轻便性当然受运输手段的影响；如果能用马匹运输，那圆锥帐篷能做得很大。为了说明不同结构处理方式的可能性，下面我将讨论两种完全不同的轻便式住宅。

所有帐篷里最精巧的是蒙古包。它几乎已是轻便性的象征。每个蒙古包容纳一个家庭，里面配备很少的家具。炊具放在一个绘着华丽图案的木橱柜里，橱柜同时还是装饰性的餐具柜。蒙古包能够用到的材料只有毛毡和少量的木头，优化使用木头并便于马匹携带运输就成为了结构标准。满足这一标准的方式是将墙体建造成一人高的木制菱形构架（pantographs）。合起时，墙体既轻盈又紧凑，但打开后能形成面积很大的平板面。墙体围成圆圈，这种平面形式抵挡侧向力时很平稳（图 5.2）。屋顶的框架也遵循相同的原则。绑结好肋条，能很容易打开组合成圆圈，安放在墙体上。其强度和跨距以它的几何形状为基础（图 5.3）。

毛毡垫子按规格裁剪，经传统的绑扎方式固定后（确保尽可能少用绳子），盖在蒙古包框架上，这样的话只要半个小时就可以搭起一个蒙古包。夏天只用一层毛毡和一层帆布。冬天毛毡可以铺到八层。甚至是零下 40 ℃和飓风天气时，蒙古包内仍然温暖而舒适。

美洲西北部印第安人的住宅也是便携式的，但其处理方式不同。他们的住宅很大，有 25~40 英尺（7.5 米 ~12 米）宽，60~100 英尺（18 米 ~30 米）长 [11]。屋顶要么是坡面，要么是山墙面。无论哪种情况，结构原理都一样。木材是主要材料，住宅的永久部分（结构）和轻便部分（外壳）有明显的区分。即使住宅其他部分都被移走了，厚重木头的结构仍然留在基地原位置。只要需要，随时可以再利用。因为运输路线是河道和其他水道，所以墙体板和屋顶板不仅能够被运走，同时还可被捆扎在一对独木舟中间，变成一个平台，用来运输搭建在新场地上的住宅所需的各种物品和材料（图 5.4）。

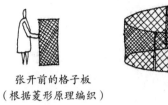
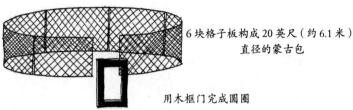

张开前的格子板
（根据菱形原理编织）

6块格子板构成20英尺（约6.1米）
直径的蒙古包

用木框门完成圆圈

图 5.2 建造蒙古包的第一阶段

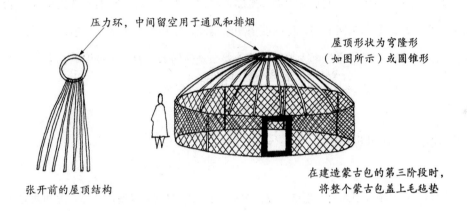

压力环，中间留空用于通风和排烟

屋顶形状为穹隆形
（如图所示）或圆锥形

张开前的屋顶结构

在建造蒙古包的第三阶段时，
将整个蒙古包盖上毛毡垫

图 5.3 建造蒙古包的第二阶段

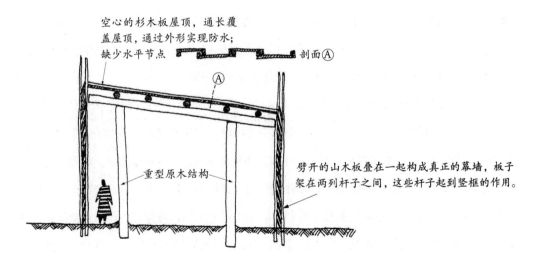

空心的杉木板屋顶，通长覆
盖屋顶，通过外形实现防水；
缺少水平节点

剖面Ⓐ

重型原木结构

劈开的山木板叠在一起构成真正的幕墙，板子
架在两列杆子之间，这些杆子起到竖框的作用。

图 5.4 北美西北部的诺特卡人（the Nootka）住宅（根据哈佛大学皮博迪博物馆（Peabody Museum）、
华盛顿国家博物馆（Washington State Museum）和其他资料来源绘制）

143

预制性 | Prefabrication

很明显，大多数轻便结构都涉及预制，但预制不只局限于轻便的房屋。比如，非洲、美拉尼西亚、尼科巴群岛的圆形和矩形屋顶会在地面建造，然后共同协作吊装到位。因为这些屋顶在结构上独立于墙体，它们不会给墙体施加侧向力，所以这种结构的好处是在地上建造屋顶变得很轻松。其他一些实例中，比如斐济和喀麦隆，屋顶框架在地面建造，真正完工要等到吊装到位后。喀麦隆和霍屯都人的住宅墙体要么是格网的，要么全部编织，也是在地上建好后再斜挂安装就位的。

侧向力 | Lateral Forces

对诸如风或地震等侧向力的抵抗一般会要求很高的结构刚度或使用支撑。美洲西北部印第安人住宅的刚性框架是代表性的案例。支撑要么是些三角形结构，比如桁架、空间框架；要么是扶壁；要么是块体结构的剪力墙。

另一种抗风方式是保持弹性，这种方式通常依靠绑结的连接点，这在马来西和喀麦隆非常普遍。偶尔，这种结构会有些改进。喀麦隆的巴米雷克人（the Bamileke）用平滑的竹篾来打结。比起圆形结，这种方式更安全地绑住圆杆，而且自身绷得很紧。

斐济群岛有很多处理侧向力的方法 [12]。有些地方的屋顶结构简单，由中心的支撑杆和外围的柱子撑着。尽管构件自身有一些弹性，但这些支撑杆一直深埋到地下，房子似乎成了一个刚固框架（图 5.5）。在岛的其他区域，房子屋顶由构件绑扎起来的桁架组成。屋顶一般不使用悬挑，以避免被本地常见的强风和暴风雨掀翻。房子的框架不是三角形的，这样飓风出现时，结构可以摇晃并有弹性，这和棕榈树非常相似。如果房子坍塌，被撑住的屋顶常常仍是整体落在地面，还能给人们提供遮挡，免受紧随风暴而来的暴雨影响（图 5.6）。这种处理远比波纹板铁屋顶管用和安全，后者常被一片片地吹走。

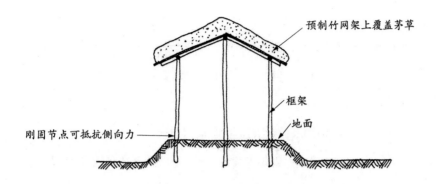

图 5.5　无桁架的斐济住宅结构

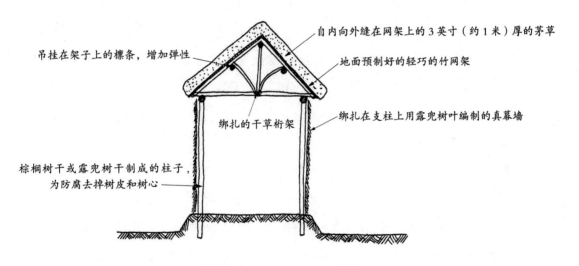

图 5.6　带桁架的斐济住宅结构

风化 ｜ Weathering

英国 1959 年的一份研究指出，传统房屋已考虑气候的作用力、朝向、场地、房屋高度和暴露程度这些因素，因为它们会导致房屋的老化。而现代建造者缺乏对本地环境的深刻了解，所以必须仔细考虑这些作用力 [13]。再补充一点，现代建筑者不但忽略了风化问题，而且还不知道如何恰当使用材料及处理材料的连接问题。大量的材料选择可能已经让建造者从之前的限制中脱身，但一个直接后果是房屋的严重老化问题。新材料被不假思索地使用，对它们的特性缺乏应有的关注，忽视其暴露环境。原始和风土建造者尊重材料的天然品质和特性。这种尊重值得学习，因为他们接受制约，将时间和天气的影响当作同盟者而不是敌人。太阳被用于处理土坯和泥土；雨水被用于硬化水硬性水泥；吸收和蒸发湿气的茅草屋顶有助于避免冷凝。选材时不仅会考虑适合结构、易于作业、平铺和连接问题，也会考虑时间的影响。

对时间维度的关注，一是对前文已探讨过内容的直接反馈，二是出于保护材料的需求。这种情况更适用于风土房屋而非原始房屋，尽管原始文化中也有注重房屋长期性能的案例。然而一般来说原始文化下的房屋寿命相当短，在屋主去世后经常被遗弃或破坏。屋主与住宅的这种临时关系是个复杂问题。住宅可能是临时的，屋主可能在一生中换过好几次住所；屋主去世时，其住宅甚至会被毁掉 [14]；住宅可被空置直至最后变成废墟，也可以被儿孙继承；它可以被移至新场地或在同一场地上加以重建。变迁方式无穷无尽，而对待住宅时间维度的态度将会影响对待风化问题的态度。

我们发现，（爱琴海南部）基克拉迪群岛（Cyclades）以自然方式处理的胶土（patelia）屋顶，经雨淋后可以防水。同样的做法也用于维护旱季易裂口的屋顶。第一场降雨来临前，在屋顶铺设一层干土；雨水将灰土冲刷到裂缝中，这样裂缝就黏合在一起了 [15]。普韦布洛人也会用类似的方法。美洲西北部印第安人住宅屋顶板形式则与风化问题及最初的防水问题紧密相关。

有些地方会妥当地处理木材，不油漆它们以便其可以"呼吸"。会使用各种特别的保护涂料，例如，日本人用烟灰加柿子汁的混合物，而美洲谷仓会涂上铁锈和脱脂牛奶。日本人有时会碳化木头以便于保护它们；而在美国，人们把木墙瓦放在盐水中浸泡数周。有些做法比钉上几排钉子还要管用得多 [16]。比如，日本人为保护木柱不腐朽，常把它们立在石础上；或像马来亚，会将柱子放置在石灰岩、粉碎贝壳和蜂蜜混合成的"混凝土"垫子上。

在墨西哥的韦拉克鲁斯（Vera Cruz），人们会精心塑造和编织茅草屋顶的形状。其唯一的脊点和陡峭的斜面会把水散开至屋顶四周。长稻梗编成的防雨板用于四条屋脊的防水。稻梗从出挑的屋檐垂挂下来，把雨水完全甩出竹篾墙外。不管雨下得有多大，房子既可防水又能保证良好的通风[17]。

非洲基库尤人（the Kikuyu）的住宅是泥制墙体。这要么是因为天气，要么是迁往雨季地区后保留的干燥气候下的建造方式，随之而来的问题是如何不让泥墙遭受雨水侵蚀。宽敞的外廊保护了墙体。这样的解决方式在许多地区相当普遍（图 5.7）。

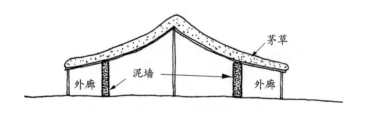

图 5.7　基库尤人的住宅

如之前所讨论的，非洲人和印度人使用双层墙和树叶茅草屋顶，这样既能保护泥土构造免受雨水侵蚀，同时也有气候上的考量。刚果人用一层树叶保护茅草，虽然看上去这种双层结构并没有太多气候上的好处，但可能是一种深思熟虑后的尝试，为的是保护主要构造层在太阳下不会干透和开裂。草屋顶用树叶精心建造，这些树叶有瓦片或瓷砖的功效，其排列形状和图案很像穿山甲的鳞片（图 5.8）（当地人认为他们的屋顶铺设方式受这种动物的启发）。茅草顶上放着树枝和窄叶，它们会变枯黄，但下暴雨时，屋顶主要构造层就能保持绿色而且防水。很多地方的测试表明，这种茅草屋顶常常比许多军用帐篷更防水。

喀麦隆马萨人所运用的方法原理是一样的，但更正规，他们把两层茅草屋顶叠在一起（图5.9）。早期的加拿大人也用类似的方法。碎石墙在这里尽管可以很好地抗寒和隔热而且保持结构稳定，却会因为冬天交替的霜冻和融雪而严重受损。这些墙体，尤其朝向东面和北面的墙面，会加盖一块木板，使石头保持干燥从而免受冰冻的影响[18]。

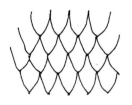 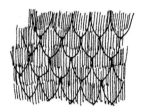

树叶编织的像穿山甲鳞片　　　　覆盖在主屋顶层上的树叶
一般的主屋顶层

图 5.8　刚果屋顶

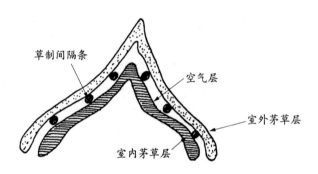

图 5.9　喀麦隆马萨人的屋顶

重力 | Gravity

任何结构都需要两方面的构件才能处理好重力问题——集聚重力的水平横跨构件和能把重力传递到地面的垂直构件（地面承受了重力）（图 5.10）[19]。无需太深入的结构理论，仅凭直觉就可以清楚这里的主要问题在于围合空间的水平横跨构件，而且这一构件的特性对住宅形式有重要影响。在单层住宅中（我们基本上讨论的都是这一类型），这一构件就是**屋顶**（roof）。实际上，它常常被当作住宅形式分类的首要元素。

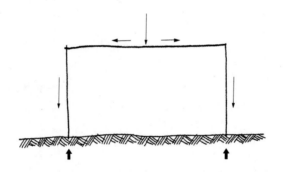

图 5.10　呈现力沿框架传递的示意图

纯张拉结构。任何横跨空间的构件都需要张拉强度。解决横跨问题的一个方法是：使用具有高张拉强度的特定材料，用少量这种材料就可以制造出效果很强但很轻盈的结构。阿拉伯帐篷就是个明显的例子。细长杆子插在地上，它们组成了可拆解框架的垂直元素。毛毡、山羊皮、小牛皮制成的轻质张拉膜把它们连接起来。张拉膜既是结构，又是围护（图 5.11）。这种结构非常有效，也很巧妙，它的变体会出现在其他一些地方。作为专用于大型房屋的新的基础性结构方法，这种结构形式经常出现在当下的新闻报道中 [20]。

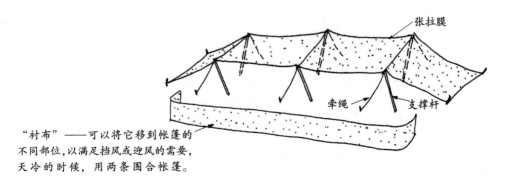

"衬布"——可以将它移到帐篷的
不同部位，以满足挡风或迎风的需要，
天冷的时候，用两条围合帐篷。

图 5.11　阿拉伯帐篷

　　框架结构。之前我已论证了圆形棚屋比方形棚屋更容易搭建屋顶，并认为可能是象征上的缘由造成了这种区别，还指出两种类型并存于很多文化中[21]。和框架相关的结构问题是**跨度**（span）。对于小跨度，方形和圆形难度相当；最简单情况下，两种类型都可以使用箍圈（图5.12）。一旦跨距变大，就可能出现两种处理方式。第一种是引入内支撑，而另一种则使用某些桁架形式（图5.13）。两种方式都需要有一定张拉强度的材料，如木头。

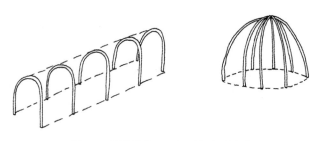

图 5.12 箍圈结构——矩形和圆形平面

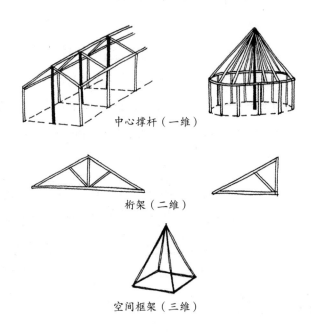

中心撑杆（一维）

桁架（二维）

空间框架（三维）

图 5.13 屋顶跨度增加时的三种处理方式

可以看到，无论方形还是圆形，住宅的原则和问题都一样。但既然这种区分获得普遍运用，那么这两者的区分提供了合理的讨论框架。

圆形住宅（round dwellings）。圆形住宅从容纳一人的棚屋，到直径达到 60 英尺（约 18 米）甚至更大的住宅。在南美印第安人中间、印度尼西亚、拉普兰（Lapland，斯堪的纳维亚半岛最北端地区），尤其是非洲，都可以见到它们的踪影。最简易的方式是房屋结构用树叶绑扎成箍圈（图 5.14）。有些案例中，肋条可以捆扎在顶端而不用形成箍圈，但它们也是茅草覆盖的骨架（图 5.15）。另外一些实例中，墙体被编成篮筐样以形成更大的刚度。风向改变时，盖在上面的垫子可以被拿掉（图 5.16）。

图 5.14　乌干达巴基加族（Bakinga）俾格米人的棚屋

框架

覆盖面

图 5.15　肯尼亚棚屋

图 5.16　南非科伊桑棚屋

分离的墙体也能支撑肋条，比如像蒙古包那样，或像非洲和马克萨斯岛那样（图 5.17）。当住宅规模变大后，可能要在中心增设一根支杆，以支撑屋顶顶端（图 5.18）。要不然就用空间框架来支撑。这种框架很精巧，有解放地面空间的好处（图 5.19）。

图 5.17 马克萨斯住宅框架

图 5.18 南美圭亚那威威人（the Waiwai）的住宅框架

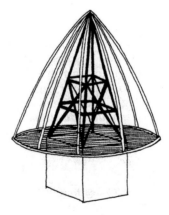

图 5.19 喀麦隆巴米雷克人的空间支撑框架
（摘自 Beguin, Kalt et al.,*L'habitat au Cameroun*, p.76）

　　所有这些实例中，任何材料都能制作墙体——树叶、黏土、草、垫子——它们实际上都是幕墙；材料选择取决于传统、气候，或者某些情况下是箍圈无法承受的太重荷载。

　　一定程度上，北美印第安人的圆锥形帐篷算是个空间框架，用张拉膜在框架和张拉结构间制造联系。首先，四根杆子会被立成金字塔形状，充当着空间框架。然后有半打的肋条会形成半径 7~10 英尺（2~3 米）、高约 16 英尺（约 5 米）的圆圈。这些肋条尾端被捆扎起来，再盖上十多张或更多的野牛皮。野牛皮会被拉紧并钉在地上（图 5.20）。

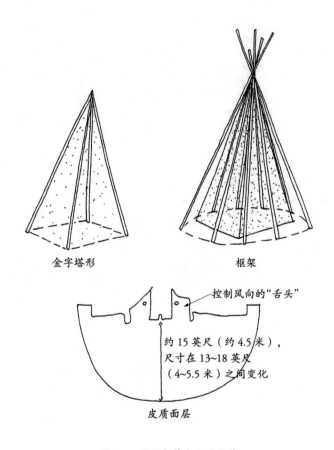

金字塔形　　　　　　　框架

控制风向的"舌头"

约 15 英尺（约 4.5 米），
尺寸在 13~18 英尺
（4~5.5 米）之间变化

皮质面层

图 5.20 平原印第安人的帐篷

　　方形住宅（Rectangular dwellings）。方形住宅和圆形住宅的解决方式非常类似。最简易的实例中，也会使用箍圈，但沿直线排列以生成方形平面。法国西南部公元前12000年至公元前10000年前冯·特·高姆洞穴壁画就描绘了这种古老形式。箍圈可以做得很小。比如新几内亚的塞皮克河流域的"睡袋"，其空间小到仅供一人平躺进去（图5.21）。方形平面的规模同样也能做大。例如，对于靠近伊朗边界的伊拉克沼泽定居者，芦苇是这里唯一可用的材料，所有的东西都由它们制成——肋条、外壳及造房子用的脚手架（图5.22）。

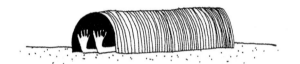

图 5.21 塞皮克河流域的"睡袋"

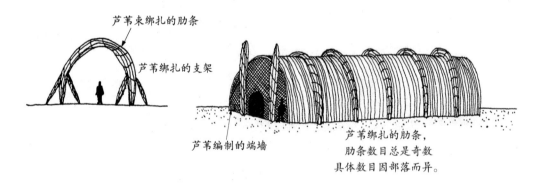

芦苇束绑扎的肋条

芦苇绑扎的支架

芦苇编制的端墙

芦苇绑扎的肋条，
肋条数目总是奇数
具体数目因部落而异。

图 5.22 沼泽地区的阿拉伯人　左：竖立肋条　右：会议厅

　　这种大型房屋由一系列箍环组成。上面覆盖着例如垫子、竹子、树叶、芦苇和茅草的轻质材料。其规模受制于肋条，因为肋条无法承受太多侧向力。用更重的木材造墙和屋顶构件可以克服这一问题，但只要跨度再变大，问题又会出现。如图 5.13 所示，最简单的解决办法是用一系列竖杆置于中央撑起屋脊。不管是史前时代还是现在，不管是美拉尼西亚、波利尼西亚、非洲、南印度、马来亚，还是热带非洲，不管是支在地上还是放在桩子上，这类形式大同小异。其框架可以覆盖任何想用的材料。这点大体上非常类似于美国当今的许多住宅。

如果不想在中央设置一排柱子，就要用桁架屋顶。马来亚、斐济，还有别的地方有这种处理方式。但在风土房屋出现前，这种方式并不常见。这是"木匠"屋顶（"carpenter's" roof），通常由工匠制作，在很多农业文化中都很常见 [22]。要不然就用三维桁架——空间桁架，和前述圆形住宅上桁架结构大同小异 [23]。

风土传统用过的手段，几乎都在原始房屋中出现过，但结合点和桁架变得精巧了许多，比如中世纪的住宅；住宅可能超过一层，框架细部更复杂，比如阿肯色州的早期木框架早在 19世纪 40 年代以前就已使用。新英格兰谷仓也用类似的木制榫卯框架结构。有时会在"榫销孔"钉些销子。榫洞保持足够的斜度。钉好销子后，卯合充分，整个组合刚度很高（图 5.23）。

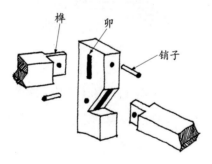

图 5.23 "木匠"框架

美式的气球框架（ballon frame）是少有的创新 [译注1]。这种结构形式和工业化进程相关，也和越来越多的木匠参与房屋建造有关。随着行业分工的进步，专业建造者能实现普通人无法做到的事情。

压缩。有些地方，要么找不到能承受一点张力的材料，要么由于各种原因这些材料都无法使用，只能用石头和泥土。它们只能依靠材料的压缩来跨越空间。在这种情况下，无论是一维还是二维结构形式都不能制造出可用的空间，结构类型必须是三维的，通过几何形式来实现目的。这些形式包括拱形、穹隆和穹顶。但材料不是唯一决定形式的因素，我们也见过张拉强度高的材料——木头和芦苇——搭建的拱形。

叠涩拱和穹隆的形式很多。有些不用灰浆直接干摆。比如，凯尔特文明的"博里"（borie），18 世纪时，普罗旺斯仍使用这种形式，其**纯粹**（pure）是通过压缩发挥作用。用了灰泥的则有少量抗拉强度。这种类型在迈锡尼时代出现过。玛雅、伊朗、冰岛、意大利、秘鲁、南非、土耳其使用的也是灰浆砌筑型。尽管具体形式可能完全不同，但都基于相同的原则，即每块石头或砖头都比它下面的一块要突出来一点（图 5.24）。

图 5.24 叠涩拱

纯正的穹隆和拱顶或穹隆和拱顶体系也出现在许多中东地区。因纽特人的冰庐是一种精巧的穹顶，铺砌方式是螺旋形的。伊朗的双曲面屋壳是一种精巧的拱顶。它获得强度和硬度的方式是向不同方向弯曲（图 5.25）。在撒哈拉的戈法村落（Gorfa）[责编注1]，壳状屋顶的单元以蜂巢方式组合起来，这样可以增加强度。

这些结构体系对住宅形式的影响非常明显。因为它们产生相当大的侧向推力，它们还影响了住宅的平面形式。这也是使用厚墙体、扶壁等构件的原因。因为跨度有限，空间很小，常常是小房屋聚合成单元，而不是分割一个完整的壳体。但是，如我们已看到的，这也是文化的差异，和结构与材料无关。

图 5.25　伊朗的双曲面泥拱屋顶

垂直承重构件。垂直承重构件从横跨构件集中力并传导到地面，其相互间的差异大到有点像三维结构和其他结构间的差异。垂直承重构件的选择在柱子组成的框架到承重墙间变化。前者需要幕墙似的围护以抵挡天气影响并保护隐私，而后者则既是结构也是围护。每种结构中，要提供足够可用的生活空间，结构占用的面积总量要有限度。这种限度既是平面的，也是剖面的（图 5.26）。

用柱子还是用框架似乎取决于传统、所选材料（这种因素主要在受压材料中表现明显——石、土坯、木材）、气候等因素。很难把这些选择归因于简单实用的因素。柱子和承重墙的概念相对简单。使用它们大体受制于它们的抗弯能力。如果结构厚度已经给定，那么抗弯能力会限制结构高度。这会产生极大体量的元素。为减少墙体体积，需要用扶壁或柱墩加强墙体，或者平面上做出叠角（reentry corner）的变化。这些方法会增加空间的三维品质，因此也增加了稳定性。扶壁和平面变化会影响平面形式，最后导致使用壁龛、凹槽的一整套形式结果和

157

阴影投射造成的立体化表面（图5.27）。这些做法最后演变成整个建造方式的特征，不论是风土房屋还是高雅建筑[24]。

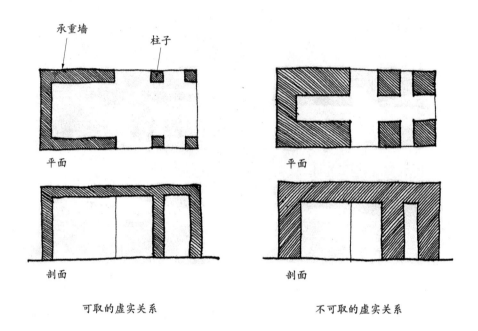

图 5.26 垂直承重构件

图 5.27 承重墙的几何形式与稳定性

承重墙构造有很多独创和精巧的手段。普韦布洛的墙体和今天的混凝土墙很像；阿拉伯沙漠、摩洛哥南部的阿特拉斯山区会建高耸的房子；非洲和南美原始文化下的泥墙会使用强化纤维和支架并发展出一种类似于风土环境下的复杂半木结构，后者要靠木匠的特殊技能才能实现；从斯堪的纳维亚经波兰、西伯利亚和尼泊尔直到日本都使用厚重的圆木墙，圆木墙后来被带到美国。所有圆木结构类型上相当统一，角部的联结方式很精巧。所有这些对住宅形式影响不大。用圆木而不是框架或遮盖物，用土坯而不是其他材料的决策才很重要。所有这些变化展现了大量的选择可能以及房屋构造上相对较低的临界性。

注：

[1] 使用挡风墙的人回避了空间跨度问题；使用自然洞穴也回避了这个问题。即使这个洞穴是人造的——比如在西班牙、卢瓦河谷、柬埔寨、中国、北非——尽管问题不太一样，因为目的几乎限定了材料。

[2] A. H. Brodrick, "Grass Roots," *Architectural Review*, CXV, No.686（February 1954）, pp. 101-111.

[3] Siegfried Giedion, *The Eternal Present*, Vol. 2（New York: Pantheon Books, Inc. , 1964）, pp. 389, 508-509, 514-515.

[4] Exhibition at Kroeber Hall, University of California, Berkeley, March 1967.

[5] R. Maunier, *La Construction Collective de la Maison en Kabylie*（Paris: Insitut d'ethnologie, 1926）. 整本书都在研究这一题目。

[6] Pierre Deffontaines, *Géographie et Religions*,9th ed.（Paris: Librairie Gallimard, 1948）, p.36, 皮埃尔·德方丹道出了这一几乎普适的规则，适用于许多地区。Lord Raglan, *The Temple and the House*（New York: W.W. Norton & Company, 1964）, P.178, 该书持有同样的观点，并给出一系列的案例。

[7] 参见 Raglan, *The Temple and the House*, Chap. XIX, pp.175ff. 拉格兰列举了一些地区的案例，这些地方会进口木头或石头中的一种，尽管另一种材料很丰富——如南多菲内（South Dauphiné）和上萨瓦省（Haute Savoie），等等。

[8] Vidal de la Blache. *Principes de la Géographie Humaine*（Paris: Armand Colin, 1922）.

[9] Raglan, *The Temple and the House*, p.176.

[10] 同上，第178~179页，书中给出了许多案例。同时可参见 Pierre Deffontaines, *Géographie et Religions*, pp.38 ff. and 83-86, 这本书给出了很多宗教影响材料选择的案例，这些选择与获得本地材料的容易程度、气候等因素无关。

[11] 西雅图的印第安酋长住在将近900英尺长（约275米）的房子里。它被分隔成好几部分，地上要铺装垫子。参见 Victor Steinbrueck, *Seattle Cityscape*（Seattle:University of Washington Press,1962）, p.30.

[12] 基于维也纳工艺美院（Akademie für Angewandte Kunst）的弗里茨·简尼拔教授（Professor Fritz Janeba）提供的信息。

[13] Department of Scientific and Industrial Research, *Principles of Modern Building*, 3rd ed.（London:HMSO, 1959）, Vol.I, pp.81-82.

[14] 对待死亡的态度对住宅时间持久性的影响可见 Pierre Deffontaines, *Géographie et Religions*, pp.33-38。也可参见 Mircea Eliade, *The Sacred and the Profane*（New York: Harper & Row, 1961）, p.57.

[15] C. Papas, *L'Urbanisme et l'Architecture Populaire dans les Cyclades*（Paris: Editions Dunod, 1957）, p.140.

[16] 关于日本人的案例，可见 Taut, *Houses and People of Japan*, p.74；关于美国的案例，可见 Sibyl Moholy-Nagy, *Native Genius in Anonymous Architecture*（New York: Horizon Press, 1957）, p.192.

[17] Moholy-Nagy, *Native Genius in Anonymous Architecture*, p. 94.

[18] J. E. Aronin, *Climate and Architecture*（New York: Reinhold Publishing Corporation, 1953）, p.7.

[19] 为讨论方便，省略了侧向力因素。

[20] 蒙特利尔 1967 年世博会（Expo 67）上，弗雷·奥托（Frei Otto）设计的德国馆是一个例子。

[21] Stuart Piggott,ed., *The Dawn of Civilization*（London: Thames and Hudson, 1961）, illustrations, pp.100-101. 在上埃及，在阿姆拉特时代（Amratian times，大约公元前 3800 年），可以看到仅为两类神圣人物建造方形棚屋——酋长（他同时兼医生）和唤雨巫师；村庄的其余人都用蜂窝状的圆形棚屋。类似的例子在许多其他的文化和时代也不鲜见。

[22] 比如，可参见 Richard Weiss, *Häuser und Landschaften der Schweiz*（Erlenbach-Zurich:Eugen Rentsch Verlag, 1959）；B. I. Stoianov, *Starata Rodopska Architektura*（The Old Architecture of the Rhodope [Bulgaria]）（Sofia: Techkniga, 1964）；Smialkowski, *Architektura i Budownictwo Pasterskie w Tatrach Polskich* (Architecture and Construction of Shepherds' Buildings in the Polish Tatras)（Kracow: Government Scientific Publishing House, 1959）；Werner Radig, *Frühformen der Hausentwicklung in Deutschland*（Berlin: Hanschel Verlag, 1958）.

[23] 参见 Amos Rapoport, "Yagua, or the Amazon Dwelling," *Landscape*, XVI, No. 3（Spring 1967）, pp. 27-30.

[24] Amos Rapoport, "The Architecture of Isphahan," *Landscape*, XIV, No. 2（Winter 1964-1965）, pp. 4-11.

译注:

[译注 1] 气球框架是一种轻木框架，在 19 世纪也被称作"芝加哥构造"（Chicago construction）。这种构造主要出现于软木林较多的区域（斯堪的纳维亚、加拿大、美国），一直到 20 世纪 50 年代。其构造方式为从基底板延伸到顶板的垂直向细木条（壁骨）密集排列成房屋轮廓，中间安装地板并用钉子固定在木条上。其名称衍生于密苏里地区的一种法式构造名称——"maison en boulin"。"boulin"在法语中意为水平向脚手架支撑。但也有人认为因其构造方式与当时热气球的构造方式很像，而得此名称。

责编注:

[责编注 1] "戈法" 阿拉伯语意为 "房屋"，指突尼斯南部柏柏尔人建造的拱形房屋。

第六章 当今现状

Chapter 6 A Look at the Present

我们看到，在更为制度化和专业化的现代生活中，有些原始和风土房屋的主要特性已失去了影响力。我们有不同的时间观，这种带有强烈的线性感、进步感与历史感的时间观取代了原始人更为循环的时间观。其结果是，现代人，尤其在美国，强调变化和新意是事物的本质——这和我们前面一直讨论的一般状况完全不同。原始和风土聚落清晰的等级制度消失，折射出整个社会等级制的缺失，所有的房屋变得同等重要。剥离自然的神圣色彩导致我们与土地和场地的关系不再人性。现代人丢掉了对原始人非常重要的神话定位和宇宙定位，或是用新神话取代了旧神话。现代人同时也失去了良好生活及其价值的共同意象，或者说在**没有**（no）意象这一点上现代人是相同的。现代社会影响住宅的因素和压力更是复杂得多，形式、文化、行为之间的联系更单薄，可能更难以追踪和建构[1]。

综上所述，仍有必要思考以下问题：何种程度上，文中提出的概念框架适用于今天的住宅形式？如果这一框架仍然适用于今天，那它不仅可以解释过去同样也能展望未来。高雅建筑（high-style building）和普通房屋（popular building）的差异仍然存在，这种差别既体现在住宅上也体现在街边建筑上。需要讨论的恰恰是一般住宅而不是建筑师设计的住宅，为的是发现它所代表的哪种价值有助于解释它的成功。

尽管德怀特·麦克唐纳德（Dwight MacDonald）认为高雅文化和民间文化间没有区别，但我认为两种类型的房屋间还是有差别的。如果我们将建筑师设计的房屋视为高雅的，而原始和风土的房屋视为民间艺术，那么沿着他的论点前进，现代非建筑师设计的房屋应该属于他所说的"大众文化"（masscult）。如果有共同体，则民间文化**被**（by）人们创造；但如果是大众——原子化的人，大众文化则自上而下波及人们。他的实例大部分来自音乐——对比爵士乐和流行音乐——和文献，街边的房子和一般住宅也是样本 [2]。这些街边房子和普通房子代表了某种建筑师设计的房屋所缺乏的价值。它透露了生活的信息，因而也解释它们为何能被接受并获得商业成功。即便人们不再建造自己的住宅，比起设计的亚文化（design subculture），他们购买的住宅仍更贴切地反映流行的价值和目标——而这些住宅构成了大部分的建成环境 [3]。

这种普通住宅和建筑师设计住宅间的差异有助于我们洞察人们的需求、价值和欲望。现代人仍有自己的神话，而驱动住宅形式的仍然是人的动机，它们本质上和过去差别不大，仍然主要是我提到的社会—文化动机，尽管细节很不相同。美式态度是自由放任的、开放的、以过程为导向的；法式城市传统不仅影响城镇，同时也让乡村景观带着"城市"品质；英国的"反城市"传统可以解释这个国家很多都市区域的特点。这些差异可以帮助我们理解这些国家建成环境上的不同。因此，寻找理想环境的行动仍然存在，住宅仅仅是其中一种物质具现。而美国近来流行的围绕休闲设施设计房地产和"新城镇"的趋势明显是古老梦想的新实现 [4]。

有些实例说明形式仍然反映着旧关切。有人指出，注意一下法庭中家具如何排列，就能了解很多有关法律制度的事情。这些情况可以告诉我们被告的地位、他会被如何对待、检察官和辩护律师的相对权力，等等 [5]。同样，心理治疗会话时两把椅子的可能排列方式会明显暗示参与人的角色及特定的心理治疗流派的价值观和目标；更大规模的椅子分组也表示相同的含义，比如美式餐厅的柜台式长桌 [6]。这同样也适用于其他类型的房屋。已有评论指出，精神病医院的设计透露的信息更多和设计、建造、维护它们的人员有关，而囚禁在里面的人则被置之脑后 [7]。

所有这样的证据都证明文化和形式之间的密切关系仍然普遍。从一个律师的抱怨里就可以发现忽视这种关系的危险。在新法庭的设计中，建筑师们试图找出最短的流线（他们现在所秉持的一种价值），从而忽视了走廊对非正式的交易和会谈的重要价值。律师则认为这样设计是对正义裁决机构的严重干扰 [8]。

发展中国家 | Developing Countries

观察形塑我们文化中的普通住宅的影响力之前，尚有很多方面可以讨论。但我仅简单提及一个——发展中国家的问题。这些国家多数都有民间艺术消亡的趋势。民间艺术不再有符号价值，也就不能用来传达意义。这可能和为有效交流需限制语言有关，也牵涉选择这一重要问题。今天的问题似乎是选择太多，造成民间艺术消亡的事实可能是词汇太多，选择困难。因此，不能把民间艺术看成是某些带有神秘色彩的良好品位的结果，而是了解如何在少量的可能中作选择的结果。体现在日本传统工艺品和现代工艺品、墨西哥传统纺织物和现代纺织物、印度传统音乐和现代音乐上的选择上很不相同，将它们做个对比会很有趣；对照新的产品和房屋，缺乏"品位"可能仅仅是因为没有在传统形式框架之外作选择的能力。

选择的问题和发展中国家其他事物息息相关。它帮助我们整体理解已建成形式与相关文化间的关系。反过来，也让住宅和建成环境的一般性跨文化分析的价值清晰起来。对于其他地方的问题，西方概念仅仅代表了多种可能性中的一种。如果不根据本地的生活方式、特定需求、做事方式来看待这些问题，便运用西方概念会有危险。有个小实例发生在仰光和曼谷。即便是多户的高层住宅环境中，每户住宅也有一个守护神灵的小处所 [9]。人们可以说这种需求并不合理，但是我们已经看到忽视传统文化模式可能会有严重的后果。

查尔斯·阿布拉姆斯（Charles Abrams）是首先意识到这一点的人。他把这个问题的讨论与建成环境和住宅联系在一起。他常常在自己的文章中批评专家和官员如何强烈反对传统方法，即便这些方法能在社会和气候方面带来明显的好处。他提到加纳采纳了英国人"一个家庭——一个住宅"的口号。但指出加纳的家庭非常不同，家庭与住宅的关系也很不一样[10]。这个例子凸显了研究**具体**（specifics）情况的重要性。

所有的住宅要达到四个目标才算是成功：

1. 它必须在社会和文化上有理有据（这方面传统住宅可能做得最好）。

2. 它应该足够经济，保障最多的人能够负担得起（在原始和风土的环境中，即使不是全部，至少大多数人都有住宅）。

3. 它必须能确保使用者的健康（传统住宅在应对气候方面比较成功，但在环境卫生和防治寄生虫等方面做得不好）。

4. 保持住宅使用寿命只需最低限度的围护（这里的证据模棱两可）。

如果我们承认住宅使用功效并非首要，同时认识到很多地方传统住宅甚至比新住宅更能满足这些功能，我们对待传统住宅的态度可能会改变。

因此，即使传统住宅不是最称心如意的，它其实也能比我们想的更容易被接受。在发展中国家，住宅的观念应该相应有所变化。最起码，这是一个丰富多产的研究领域。

我们已在匮乏经济体中见过非功利价值的实例。这种例子在秘鲁郊区的贫民窟仍然相当常见。毫无疑问，在其他类似的地方也很常见。曾有报道提到[11]，贫民窟住宅墙体完成后，屋顶常用藤条覆盖，用砖砌筑窗子，地面铺一层水泥。支付了墙体费用后，挣来的第一笔钱会用于购买一个精致的大松木门（大约 45 美元）。等装好这扇门和木窗以后，人们才觉得自己拥有了这个房子。在所举的这个例子里，直到两年后，等到湿冷冬天来临，孩子们生病时，才会开始安装混凝土屋顶。因此，即使是贫民窟，住宅的地位象征——门，也优于遮雨保温的实际功用。许多住宅还包括了立面和"客厅"，"在住宅其他部分完成前，（它们）就达到了很高的标准，花费相当昂贵。"[12]

在东巴基斯坦，严苛的气候给住宅形式造成了很多限制，而且当地非常贫穷。但厕所和床等住宅要素与麦加的关系就像气候和经济同样重要[13]。毫无疑问，这样的例子不胜枚举，但要点很清楚，美国人和英国人也都如此。

西方文化的情况 | The Case of Our Own Culture

让我们转回到西方世界，看看所提出的基本框架是否有助于我们理解普通住宅的形式。

在美国，规划和设计的流行态度是把一对夫妇＋两个孩子的白人中产阶级家庭视为标准对象，广告把这样的家庭形式典型化。这就排除了数百万具有不同价值观、并不适合这一样式的家庭，即便这些亚文化的差异极为重要也不例外。比如说，试想工人阶级住在这种居住区（社区）的行为方式，它更接近地中海传统而不是盎格鲁—美利坚传统[14]。这将会，或者说**应当会**（should），对住宅和聚落的意象和形式产生深刻影响，其结果完全不同于英国。

界定住宅意象和意义很重要。它有助于解释美国东海岸和加利福尼亚住宅的差异，也是低成本住宅的重要影响因素。比如，加利福尼亚中央谷地（Central valley of California）的农场工人自助建造的房屋（self-help housing）会仿造时尚画报上的"大牧场住宅"，用中产阶级住宅传递出归属的象征。这些人没有自信去表达出文化差异，不敢表达自己的传统，甚至不敢直接回应本地要求。亚文化传统的表现可能更多出现在拉丁美洲、非洲、亚洲这些地方。比起墨西哥—美国人，这些地方文化要更强势[15]。

在中产阶级文化中，一般住宅的新类型带来的住宅形式变通能够容纳"标准家庭"外的人。有个例子是新近发展出的城市单身公寓[16]。我（在第一章）已提出，今天的风土更多是一种**类型**而非形式。这种特定类型来自特定群体需要，并被企业家察觉到。他们这方面的努力大受欢迎即可证明这种需求很真实。这些住宅承担着新的社会角色，它们强调公共与休闲设施，强调满足新角色的空间使用方式，这带来了强烈的形式结果。

让我们转向独户住宅及其组成部分，联系仍存在于行为模式与形式之间。

比如说，试想饮食态度对住宅形式的影响。是在单独的餐厅进行正式的家庭就餐，还是在厨房吃饭；是否每个人只要他愿意就可以单独吃，还是一起吃饭；或者是否完全在屋内吃饭，这些都形成了很大的差异。盛行于洛杉矶的烧烤，影响的不只是住宅形式。因为越来越多地对后院的使用、举办烧烤和辟建游泳池，让后院和住宅比以往任何时候都更加成为生活的中心。就餐时正式和非正式模式在塑造儿童观念上仍扮演着重要的角色。在这种意义上，住宅仍是塑造性格的机制。

美国人对待浴室的态度大部分由文化决定。我在第一章提到过，迈纳（Miner）就此写了一篇精彩的论文。最近有关这个题目的一项重要研究清楚地表明，浴室的形式是对待身体、放松、隐私等态度的结果[17]。来访者常会注意到，美国住宅的广告通常会宣扬它有几个浴室，浴室的数量常超过卧室的数量。这让我们反思**基本需求**的问题。卫生的基本问题总是存在，附着其上的重要性以及使用的形式都差别巨大，这取决于信念、恐惧和价值而不是功效的考量。比如说，对浴盆和淋浴的选择通常是观念和想象的问题[18]。

同样，文化在很大程度上塑造了人们对待隐私的态度，它对住宅形式影响很大。不仅德国和美国对待隐私的态度有区别，甚至这种态度在英国和美国之间也有区别[19]，而且在一个国家不同亚文化间对待隐私的态度也会有差异。这可能是为什么建筑师钟爱的"开放平面"（open plan）从未真正获得公众接受的缘故。就噪声而言，我们可以将意大利人对噪声的忍耐，甚至是喜爱，和德国人的厌恶加以对比[20]。有研究指出，欧洲人更注重"宽裕的居住"而不是各种小物件，因此欧洲的隔音标准比美国高很多。尽管美国人更富有，但他们会认为住宅的经济性更重要[21]。美国对于噪声的关注始于1948年的一项诉讼，针对的是某公司所导致的听力失聪[22]。这一案例支持了这一观点，在美国，保险诉讼的流行和因此对安全的追求成为一项重要的形式决定因子[23]。同时也有证据表明，主要的机构、税务政策、各种政府法令，比如规则和区划，都是重要的社会文化方面的形式决定因素，反映了社会的价值和精神气质。

现代住宅可能面向景观、海滩、太阳和天空，这种朝向和如画的窗景取代了过去宗教和象征定位。因此，新符号成为主角——**作为一种观念**（as an idea）的健康、阳光和运动。我们可以说，在美国，健康理想变成了新宗教[24]。

那么"住宅"对于美国人意味着什么呢？他们的梦想是："家——一个催人泪下的字眼，"[25]营建商和开发商从来不是在建造房屋，他们是在建造家园。不管乡村还是郊区，梦想的家园都被树木和草地环绕，必须是自己所**拥有**（owned）。然而美国人很少待在里面超过 5 年。这不是真正的需求而是一种象征。

这种象征指的是独户住宅，而**不是**（not）联排式住宅。这种家庭的理想是美学的，而不是功能的[26]。最近有则新广告展现了在一个住宅中铝材的 49 种新用法，这种住宅的形式是殖民地风格的——即便用的是 20 世纪的材料，对于很多美国人来说它仍是一种家园的象征[27]。就使用而言，这种象征并不必然好或者合理，而且实际上已遭到了批评，但它很真实，并代表了一种世界观和时代精神。如果将美式观念和维也纳的某项研究进行对照，这一点会特别清楚。在维也纳，61% 的人希望拥有一套市中心的公寓，51% 的人偏好多层建筑，其他偏好同样和美国盛行的观念差异很大[28]。

私有住宅和围墙的整体概念可以很好地表达领域性。尽管它呈现出不同的形式，但它仍是关键概念。当与人口过剩、拥挤等问题联系到一起时，领域象征的性质就很重要[29]。

基本需求和隐私象征的理念和态度有很显著的影响。我已经提到过建筑中的两种人文主义类型以及"实用性"在美国（人们也可以补充"新颖性"）变成基本观念的影响。然而，可以追问的是，到底追求的是"实用性"，还是"实用"观念——"实用"观念所体现的意象。罗斯摩尔项目（Rossmoor）[译注1]与其他开发项目的不同之处主要是它被围墙围起来。它的成功归因于环绕其周边的围墙，"……（这些围墙）制造了一个巨大的差别。人们对封闭社区的概念——一种安全和威望的象征——做出回应。"[30]今天选择住宅基地时，获得声望的想法成为重要的考量，"贫民窟"与"时尚"住宅的概念体现了这一点。城市中这些地段分布变化的方式很有启发性，它取决于社会而不是物质因素。这一点和城镇时尚变化的整个景象是一样的。一般而言，人们可以认为住宅的现代符号和历史符号同样强烈，相对于物质因素，它们仍有优先权——仅仅是它们自己有些不同。

试想围墙这个例子。来到美国的澳大利亚和英国访问者惊诧于美国郊区没有围墙，觉得这难以理解。在这些国家，前院围墙并没有带来真正的视觉和听觉上的隐私，但它们象征着边界和障碍。一个英国围墙制造商的说法是这样的："……正是人们自己在地面上布下桩子，从大片的土地上标出他自己那小块份额。不管有多小，他都愿意明确自己的边界。在这里他觉得安全而且幸福。这就是围墙的本质。"[31] 在美国，围墙过去还没那么流行，然而最近围墙的销售有了很大的提升。这一点很容易归因于围墙和隐私性的一致——隐私则变成了一种地位的象征。

就像俗语"头上有片屋顶"（a roof over one's head）所说的，"屋顶"同样是家的象征。很多研究都强调它的重要性。有项研究强调意象——即象征，对住宅形式的重要性，斜屋顶被看成是庇护的象征，而平屋顶则不是。因此出于象征的原因，不考虑平屋顶[32]。这一主题的另一项研究证明，这些方面的因素在英国人选择住宅形式时有多重要，同时斜向瓦屋顶是安全的象征。这种屋顶被当作雨伞，这种形象甚至出现在造房协会的广告中，住宅直接反映了这一观念[33]。

强调独立住宅重要性的另一因素在于面对城市道路时，其地块边界限定清晰。这既表达了匿名性，也回避了各种形式的组群[34]。我认为，这种情况解释了为何集群住宅（cluster housing）不受欢迎。"人们所寻找和被赋予的是理想生活的象征，有细微的差别以配合个人对时代精神的解读和理解上的差异。"[35] 这接近于我对风土房屋"模式和变体"的解释，它与建筑师设计的住宅及**其**（its）价值很不相同。一般的住宅根基于这样的理念，家园是每个人的城堡。住宅会尽可能地私密和孤立，带着护城河式的隔离。一直生活在伦敦高层公寓的孩子甚至是这样来描绘住宅的（图6.1）[36]。

图 6.1　住宅的象征——生长在多层住宅中的伦敦儿童所画的住宅样式
（摘自 Cowburn，"Popular Housing," *Arena*,Sept.–Oct.,1966）

结论 ｜ Conclusion

　　前面的所有证据似乎都相当吻合我提出的架构。我们的时代少有物质约束。比起过去，我们能做的事情多很多，临界性则比以往要低很多[37]。其结果是过量的选择、难以决断和难以发现的约束。而过去，约束很自然就出现了，而且对创造有意义的住宅形式是非常必要的。这种巨大的选择自由以及住宅形式已处于时尚领域的事实，表明临界性概念的普遍适用和社会—文化因素的重要性，而所有这些都可应用于对住宅形式及其选择的理解。但是，尽管临界性很高，密切配合物质"功能"也是基本，我们仍要有所作为。我已经评论过风土房屋的非专业本质以及历经时间考验后的成功。对我们今天来说，风土房屋仍有巨大教益——约束的价值在于构建了一般化的、"松散"的框架。在这一框架下，人类恒常的与变化的因素间的交互影响获得了表达。

注：

[1] 后者可能是事实。我在加州伯克利大学研究生研讨课上探索过这一主题。很明显，世界观仍然支配
     着景观、城市、房屋和住宅形式。

[2] Dwight MacDonald, *Against the American Grain*（New York: Random House, Inc., 1962），pp.3-75. 他认为
     大众文化始于 18 世纪。相对于民间艺术和高雅文化相互平行，大众文化则与之竞争。我想补充的是，
     这同样也是参与者与消费者的区别。John Kouwenhoeven, in *The Beercan by the Highway*（Garden City, N.Y.:
     Doubleday and Co., 1961）及其他一些文章中，含蓄地反对麦克唐纳德的观点。他认为存在着生机勃
     勃的美国风土文化。

[3] 在前面提及的研究生班讨论课上，我们比较了流行媒体和建筑期刊中蕴含的住宅价值，发现它们讨
     论和称赞的标准体系完全不同。

[4] 对照高雅房屋，也明显可以看出社会文化的重要性。追溯埃米尔·马勒（Emile Mâle）关于哥特的论述，
     鲁道夫·威特考尔（Rudolf Wittkower）关于文艺复兴的论述，班纳姆（Banham）、科林斯（Collins）
     等其他人关于现代建筑运动的阐述。

[5] John N. Hazard, "Furniture Arrangements as a Symbol of Judicial Role," *ETC: A Review of General Semantics*,
     XIX, No. 2（July 1962），pp. 181-188.

[6] 参见 Paul Goodman, "The Meaning of Functionalism," *Journal of Architectural Education*, XIV, No.2（Autumn
     1959），pp. 32-38.

[7] 参见 Humphrey Osmond in *Who Designs America*?, ed. L. B. Holland（Garden City, N.Y.: Doubleday and Co.,
     1966），p.287. 同时可参见汉弗莱·奥斯蒙（Humphrey Osmond）关于养老院坐席排列方式的文章以及
     爱德华·特威切尔·霍尔（Edward Twitchell Hall）、罗伯特·索莫（Robert Sommer）、亚伯拉罕·马
     斯洛夫（Abraham Maslow）及其他人的作品。

[8] "读者来信"，《纽约时报》，1966 年 8 月 1 日，第 26 页。

[9] 关于曼谷，可参见《纽约时报》，1967 年 7 月 24 日，第 16 页。文章指出每个地块都有自己的神灵，
     建造住宅会赶走它，带来厄运。关于仰光，可见 Gerald Breese, *Urbanization in Newly Developing Countries*
     （Englewood Cliffs, N.J.: Prentice-Hall, Inc.，1966），pp. 98-99。

[10] 传统上，加纳妇女和男性分开居住，但共用厨房。当问一个加纳妇女是否愿意和她的丈夫住在一个
     住宅中时，她指出，他有其他五个妻子，他每周只给她 1 英镑，而她非常高兴只需与他共度一部分时间。
     阿布拉姆斯感到疑问，为什么要把一种外来的模式强加到她身上。

[11]　William Mangin, "Urbanization Case History in Peru," *Architectural Design*（London）, XXXIII（August 1963）, p. 369.

[12]　John C. Turner, "Barriers and Channels for Housing Development in Modernizing Countries," *Journal of the AIP*, XXXIII, No. 3（May 1967）, p. 179.

[13]　芝加哥的斯坦利·泰格曼（Stanley Tigerman）1967 年 4 月 18 日在加州大学伯克利分校建筑系的讲座。

[14]　参见 Marc Fried, "Functions of Working Class Community in Modern Urban Society: Implications for Forced Relocation," *Journal of the AIP*, XXXIII, No. 2（March 1967）, 90 ff., especially 92, 100, and references on 102 ; 也可参见 Marc Fried, "Grieving for a Lost Home," in *The Urban Condition*, ed. Leonard Duhl.

[15]　甚至在美国也可以找到表现文化差异的例子。我的一个学生——爱德华·朗（Edward Long）发现洛杉矶的墨西哥人社区和日本人社区有一样的住宅形式，然而因不同的景观象征体系而呈现出完全不同的特性。（这不是他的解释，是我的；他关注问题的其他方面。）

[16]　*Time*, LXXXVIII, No. 9（August 26, 1966）, p. 49.

[17]　Alexander Kira. *The Bathroom*（Ithaca, N.Y.: Cornell University Center for Housing and Environmental Studies, Research Report No.7, 1966）. 非常有趣的是，大部分评论者强调研究的物质层面而非文化和心理层面。

[18]　Alexander Kira. *The Bathroom*（Ithaca, N.Y.: Cornell University Center for Housing and Environmental Studies, Research Report No.7, 1966）, pp.8-10.

[19]　E. T. Hall. *The Hidden Dimension*（Garden City, N.Y.: Doubleday and Co., 1966）, pp.123-137.

[20]　爱德华·特威切尔·霍尔 1967 年冬季在加州大学的讲座。

[21]　Leo L. Baranek, "Noise," *Scientific American*, CCXV, No. 6（December 1966）, p. 72. 作为非美国人，我必须强调美国人对噪声的容忍度更高。包括我在内的其他很多来访者都会提到这一点，也会注意到美国和澳大利亚对待噪声和隐私的差异。

[22]　Leo L. Baranek, "Noise," *Scientific American*, CCXV, No. 6（December 1966）, p. 66.

[23]　Boris Pushkarev, "Scale and Design in a New Environment," in *Who Designs America ?*,ed. L.B.Holland, pp. 113-115.

[24]　参见 H.G.West ,"The House is a Compass," *Landscape*, I . No.2（Autumn 1951）, pp. 24-27. 约翰·布林克霍夫·杰克逊研究了这一题目。在一次私下交流中他向我表达了这一观念，同时在加州大学伯克利分校景观系 1967 年冬季的一次研讨课上，他也表达了这一观点。同时可见他的 "The Westward Moving House," *Landscape*, II, No. 3（Spring 1953）, pp. 8-21，在文章中他探讨了美国三种不同的生活观念所产生的三种不同类型的住宅。

[25] John Steinbeck, "Fact and Fancy," *San Francisco Examiner*, March 30, 1967.

[26] 参见 Richard D. Cramer, "Images of Houses," *AIA Journal*, XLVI, No. 3（September 1960）, pp. 41, 44；同时可参见 "The Builder's Architect," *Architectural Forum*, XCV, No. 6（December 1951）,pp. 118-125。这篇文章讨论了在大片住宅区（tract house）中对公共房屋的偏好。很明显，这些偏好是符号性的。

[27] Reynolds Aluminum Company advertisement, *Times*, LXXXIX, No. 18（May 5,1967）, pp. 92-93.

[28] *Landscape*, VII, No.2（Winter 1957-1958）, p.2.

[29] 行为学研究者，比如约翰·邦帕斯·卡尔霍恩、克里斯蒂安（Christian）、康拉德·洛伦茨（Konrad Lorentz）及其他人的作品。他们似乎对住宅和城市的问题有浓厚的兴趣。

[30] *Progressive Architecture*, XLVIII, No. 5（May 1967）, p.144. 大门处还真的有安全警卫，但是象征层面的因素可能更重要——甚至可能演变成防卫价值的一部分。

[31] 引自查尔斯·麦凯比（Charles McCabe）的专栏，"Please Fence Me In," *San Francisco Chronicle*, April 4, 1967。因此，围墙最重要的方面是象征性的而不是真实的。对比 Lawrence Halprin, *Cities*（New York: Reinhold Publishing Corporation, 1963）, p.37。在此他指出，日本的花园如此之小，以至于"某种意义上，它们只是一系列的象征，通过长期被接受的文化传统来理解书法。园林成为自然的抽象"。

[32] Richard D. Cramer, "Images of Home," p. 42.

[33] William Cowburn, "Popular Housing," *Arena: Journal of the Architectural Association*（London）, September-October 1966, p.81.

[34] William Cowburn, "Popular Housing," *Arena: Journal of the Architectural Association*（London）, September-October 1966, pp. 76-77.

[35] William Cowburn, "Popular Housing," *Arena: Journal of the Architectural Association*（London）, September-October 1966, p.77.

[36] William Cowburn, "Popular Housing," *Arena: Journal of the Architectural Association*（London）, September-October 1966, p.80.

[37] 这一点可以更清楚地体现在家具和室内设计的变化样式。很明显，维多利亚时期的起居室和密斯·凡·德·罗设计的起居室的差别不是因为物质需求的变化，而是图像、象征和时尚的改变。

译注：

[译注 1] 1955—1966 年，罗斯摩尔社区由罗斯·W. 科特斯（Ross W. Cortese）开发。

精选参考文献

　　研究住宅各方面内容的图书、专题论文和论文非常丰富。筛选出这些参考文献是研究这一主题的必要步骤。文献来源出自各种语言，因为许多研究成果并非以英语出版。

图书与专题论文

关于背景与概论

ABRAMS, CHARLES, *Man's struggle for shelter in an urbanizing world*. Cambridge: MIT Press, 1965.

ALEXANDER, CHRISTOPHER, *Notes on the synthesis of form*. Cambridge: Harvard University Press, 1964.

ARDREY, ROBERT, *The territorial imperative*. New York: Atheneum Publishers, 1966.

ARENSBERG, C. M., and S. T. KIMBALL, *Culture and community*. New York: Harcourt, Brace and World, Inc., 1965.

Aspects de la maison dans le monde. Brussels: Centre International d'Etude Ethnographique de la Maison dans le Monde, n. d.

BENEDICT, RUTH, *Patterns of culture*. Boston: Houghton Mifflin Company, 1959.

BIRKET-SMITH, KAJ, *Primitive man and his ways*. New York: Mentor Books, Inc., 1962.

BOULDING, KENNETH, *The image*. Ann Arbor: University of Michigan Press, 1964.

BRAIDWOOD, R. J., *Prehistoric men* (5th ed.). Chicago: Natural History Museum, 1961.

————, and G. R. WILLEY, eds., *Courses toward urban life*, Viking Fund Publications in Anthropology, No. 32. Chicago: Aldine Co., 1962.

BREESE, GERALD, *Urbanization in newly developing countries*. Englewood Cliffs, N.J.: Prentice-Hall, Inc., 1966.

BREUIL, H., and R. LAWTIER, *Les hommes de la pierre ancienne*. Paris: Editions Payot, 1951.

BROSSE, J., et al., *100,000 years of daily life*. New York: Garden Press, 1961.

BRÜGER, W., *Einfürung in die Siedlungsgeographie*. Heidelberg: Quelle & Meyer, 1961.

BUNDGAARD, J. A., *Mnesicles*. Copenhagen: Gyldendal, 1957.

CHILDE, V. GORDON, *What happened in history*. Harmondsworth, Middlesex: Penguin Books, 1961.

CLARK, GRAHAME, *World prehistory*. Cambridge: Cambridge University Press, 1965.

DEFFONTAINES, PIERRE, *Géographie et religions* (9th ed.). Paris: Librairie Gallimard, 1948.

DOLFUSS, JEAN, *Les aspects de l'architecture populaire dans le monde*. Paris: Albert Morancé, 1954.

DUBOS, RENÉ, *Man adapting*. New Haven: Yale University Press, 1965.

DUHL, LEONARD, ed., *The urban condition*. New York: Basic Books, Inc., 1963.

ELIADE, MIRCEA, *Cosmos and history: the myth of the eternal return*. New York: Harper & Row, 1959.

————, *The sacred and the profane*. New York: Harper & Row, 1961.

FEBVRE, L., *La terre et l'évolution humaine*. Paris: La Renaissance du Livre, 1922.

FITZGERALD, C. P., *Barbarian beds*. London: Cresset Press, 1965.

FORDE, C. DARYLL, *Habitat, economy and society*. New York: E. P. Dutton and Co., 1963.

FRAZER, SIR JAMES G., *The golden bough* (Abridged ed.). New York: The Macmillan Company, 1927.

GIEDION, SIEGFRIED, *The eternal present*: Vol. 1—*The beginnings of art*; Vol. 2—*The beginnings of architecture*. New York: Pantheon Books, Inc., 1964.

GRILLO, PAUL J., *What is design?* Chicago: Paul Theobald, 1960.

GUTKIND, E. A., *Community and environment*. London: Watts & Co., Ltd., 1953.

————, *Our world from the air*. Garden City, N.Y.: Doubleday and Co., 1952.

HALL, EDWARD T., *The hidden dimension*. Garden City, N.Y.: Doubleday and Co., 1966.

————, *The silent language*. Greenwich, Conn.: Fawcett Publications, Inc., 1961.

HAMMOND, P. E., ed., *Sociologists at work*. New York: Basic Books, Inc., 1964.

HOLLAND, L. B., ed., *Who designs America?* Garden City, N.Y.: Doubleday and Co., 1966.

HUNTINGTON, ELLSWORTH, *Civilization and climate* (3rd ed.). New Haven: Yale University Press, 1924.

————, *The human habitat*. New York: W. W. Norton & Company, Inc., 1963.

JUNG, CARL, *Man and his symbols*. Garden City, N.Y.: Doubleday and Co., 1964.

KIRA, ALEXANDER, *The bathroom*. Ithaca, N.Y.: Cornell University Center for Housing and Environmental Studies Research Report No. 7, 1966.

KOUWENHOEVEN, JOHN A., *The beercan by the highway*. Garden City, N.Y.: Doubleday and Co., 1961.

————, *Made in America*. Garden City, N.Y.: Doubleday and Co., 1962.

LANGER, SUSANNE, *Feeling and form*. New York: Charles Scribner's Sons, 1953.

LEROI-GOURHAN, ANDRÉ, *L'homme et la matière*. Paris: Albin Michel, 1943-45.

————, *Milieu et technique*. Paris: Albin Michel, 1945.

LÉVI-STRAUSS, CLAUDE, *Structural anthropology*. New York and London: Basic Books, Inc., 1963.

LÉVY-BRUHL, L., *Primitive mentality*, trans. Lilian A. Clarke. Boston: Beacon Press, 1966.

LORENTZ, KONRAD, *King Solomon's ring*. New York: Thomas Y. Crowell Company, 1952.

————, *On aggression*. New York: Harcourt, Brace and World, Inc., 1963.

MACDONALD, DWIGHT, *Against the American grain*. New York: Random House, Inc., 1962.

MAGUIRE, PAUL, *From tree dwelling to new town*. London: Longmans, Green & Co. Ltd., 1962.

MAIR, LUCY, *Primitive government*. Harmondsworth, Middlesex: Penguin Books, 1962.

Maisons dans le monde. Paris: Librairie Larousse, n. d.

MEAD, MARGARET, *Continuities in cultural evolution*. New Haven: Yale University Press, 1966.

————, *Cultural patterns and technical change*. UNESCO, 1953.

MOHOLY-NAGY, SIBYL, *Native genius in anonymous architecture*. New York: Horizon Press, 1957.

MUMFORD, LEWIS, *Art and technics*. London: Oxford University Press, 1952.

———, *The city in history*. New York: Harcourt, Brace and World, Inc., 1961.

———, *Technics and civilization*. New York: Harcourt, Brace and World, Inc., 1934.

PIGGOTT, STUART, ed., *The dawn of civilization*. London: Thames and Hudson, 1961.

READ, SIR HERBERT, *The origins of form in art*. New York: Horizon Press, 1965.

REDFIELD, ROBERT, *The little community*. Chicago: University of Chicago Press, 1958.

———, *Peasant society and culture*. Chicago: University of Chicago Press, 1965.

———, *The primitive world and its transformations*. Ithaca, N.Y.: Cornell University Press, 1953.

RIPLEY, S. DILLON, ed., *Knowledge among men* (Smithsonian Institution Symposium). New York: Simon and Schuster, Inc., 1966.

RUDOFSKY, BERNARD, *Architecture without architects*. New York: Museum of Modern Art, 1964.

SAUER, CARL O., *Agricultural origins and dispersals*. New York: American Geographical Society, 1952.

SCHNEIDER, WOLF, *Babylon is everywhere—the city as man's fate*. New York: McGraw-Hill Book Company, 1963.

SCULLY, VINCENT, *The earth, the temple and the gods*. New Haven: Yale University Press, 1962.

SEGALL, M. H., D. T. CAMPBELL, and M. J. HERSKOWITZ, *The influence of culture on visual perception*. Indianapolis: Bobbs-Merrill Co., Inc., 1966.

SERVICE, E. R., *The hunters*. Englewood Cliffs, N.J.: Prentice-Hall, Inc., 1966.

———, *Profile of primitive societies*. New York: Harper & Row, 1958.

SHAPIRO, H. L., *Homes around the world*. New York: The American Museum of Natural History, Science Guide No. 124, 1947.

SJOBERG, GIDEON, *The preindustrial city—past and present*. New York: Free Press of Glencoe, 1960.

SOPHER, DAVID E., *Geography of religions*. Englewood Cliffs, N.J.: Prentice-Hall, Inc., 1967.

SORRE, MAX, *Les fondements de la géographie humaine* (esp. Vol. 3, *L'habitat*). Paris: Armand Colin, 1952.

SPENGLER, OSWALD, *The decline of the west*. New York: Alfred A. Knopf, Inc., 1957.

TAX, SOL, ed., *Anthropology today*. Chicago: University of Chicago Press, 1962.

THOMAS, W. M., ed., *Man's role in changing the face of the earth*. Chicago: University of Chicago Press, 1956.

VARAGNAC, A., *Civilization traditionelle et genre de vie*. Paris: Albin Michel, 1948.

WAGNER, PHILIP L., *The human use of the earth*. New York: Free Press of Glencoe, 1960.

WAGNER, PHILIP L., and M. W. MIKESELL, eds., *Readings in cultural geography*. Chicago: University of Chicago Press, 1962.

WASHBURN, S. L., *Social life of early man*, Viking Fund Publications in Anthropology, No. 31. Chicago: Aldine Co., 1961.

WEYER, EDWARD JR., *Primitive peoples today*. Garden City, N.Y.: Doubleday and Co., n. d.

WOLF, ERIC, *Peasants*. Englewood Cliffs, N.J.: Prentice-Hall, Inc., 1966.

ZELINSKY, WILBUR, *A prologue to population geography*. Englewood Cliffs, N.J.: Prentice-Hall, Inc., 1966.

系列出版物，文献

BIASUTTI, R., *Le razze e popoli della terra* (4 vols.). Torino, 1959.

Department of Scientific and Industrial Research (England), *Overseas building notes* (originally Colonial Building Notes). These, over a period of years, investigate various problems of building in the tropics and in the developing countries, and refer to traditional solutions.

HODGE, F. W., *Handbook of American Indians*. Washington, D.C.: Bureau of American Ethnology, United States Government Printing Office, various volumes, 1910 ff.

MURDOCK, G. P., et al., *Human relations area files*. New Haven, Conn.: Yale University Press, various dates.

Smithsonian Institution Annual Reports. Washington, D.C.: United States Government Printing Office, various volumes, 1878 ff.

STEWARD, J. H., ed., *Handbook of South American Indians*. Washington, D.C.: Bureau of American Ethnology, United States Government Printing Office, various volumes, 1964 ff.

TAYLOR, C. R. N., *A Pacific bibliography*. Wellington: The Polynesian Society, 1951.

TOLSTOV, S. P., ed. *Narody mira* (Peoples of the world). Moscow: Soviet Academy of Sciences, 5 volumes from 1954-1959.

UNESCO, *History of Mankind* (cultural and scientific development), 2 volumes so far. Vol. 1, *Prehistory and the beginnings of civilization* (Jacquetta Hawkes and Sir Leonard Wooley); Vol. 2, *The ancient world* (Luigi Paretti et al.).

VON FISCHER-HEIMENDORF, E., *An anthropological bibliography of South Asia*. The Hague: Paer's, 1958.

WEST, R. C., and J. P. AUGELLI, *Middle America*. Englewood Cliffs, N.J.: Prentice-Hall, Inc., 1966.

专题

ANDERSON, C. R., *Primitive shelter* (a study of structure and form in the earliest habitations of man). The Bulletin of Engineering and Architecture, No. 46. Lawrence, Kansas: University of Kansas, 1960.

ARONIN, J. E., *Climate and architecture*. New York: Reinhold Publishing Corporation, 1953.

DAVEY, NORMAN, *History of building materials*. London: Phoenix House, 1961.

HAUSER, HANS-OLE, *I built a stone age house*, trans. M. Michael. New York: John Day Company, Inc., 1964.

HONIES, FINN, *Wood in architecture*. New York: F. W. Dodge, 1961.

LEE, DOUGLAS H. K., *Physiological objectives in hot weather housing*. Washington, D.C.: HHFA, 1953.

LINDER, WERNER, *Bauwerk und Umgebung*. Tübingen: Verlag Ernst Wasmuth, 1964.

OLGYAY, VICTOR, *Design with climate*. Princeton: Princeton University Press, 1963.

PETERS, PAULHANS, *Atriumhäuser*. Munich: Callway, 1961.

RAGLAN, LORD, *The temple and the house*. New York: W. W. Norton & Company, Inc., 1964.

SCHOENAUER, N., and S. SEEMAN, *The court garden house*. Montreal: McGill University Press, 1962.

SHARP, THOMAS, *The anatomy of the village*. Harmondsworth, Middlesex: Penguin Books, 1946.

SINGER, CHARLES, et al., eds., *History of technology*. Oxford: Oxford University Press, 1954.

特定地区（国家和地域）的文献。这一组文献数量特别庞大，许多成果是研究特定地区的专题文献。同时也包括了很多游记、介绍、当地档案以及有价值的史料。

Abert's New Mexico report, foreword by W. A. Keleher. Albuquerque: Horn and Wallace, 1962.

ALIZADE, G., *Narodnoye zodchestvo Azarbaidzhana i ego progressivniye traditsii* (The folk architecture of Azarbeidjan and its progressive traditions). Baku: Academy of Sciences, 1963.

ALNAES, EYVIND, et al., *Norwegian architecture through the ages*. Oslo: Aschehong and Co., 1950.

Architects' yearbook 10. London: Paul Elek, 1962 (paper by Pat Crooke).

Architects' yearbook 11. ("The pedestrian in the city"). London: Paul Elek, 1965 (papers by Herman Haan and Eleanor Smith Morris).

Architectura popular em Portugal (2 vols.). Lisbon: National Union of Architects, 1961.

ASCHEPKOV, E., *Russkoye narodnoye zodchestvo v Zapadnoi Sibiri* (Russian folk architecture of Western Siberia). Moscow: Soviet Academy of Architecture, 1950.

BALANDIER, GEORGES, *Afrique Ambiguë*. Paris: Librairie Plon, 1957. English translation by H. Weaver. New York: Pantheon Books, 1966.

———, and J-CL. PAUVERT, *Les villages gabonais* (Memoirs de l'Institut d'Études Centrafricaines No. 5). Brazzaville, 1952.

BALDACCI, OSVALDO, *La casa rurale en Sardegna.* Florence: Centro di Studii per la geograpia etnologica, 1952.

BARBIERI, GIUSEPPE, *La casa rurale nel Trentino.* Florence: L. S. Olschki, 1957.

BAUDIN, L., *Daily life in Peru under the last Incas.* London: Allen and Unwin Ltd., 1964.

BEGUIN, KALT, et al., *L'habitat au Cameroun.* Paris: Publication de L'office de la Recherche Scientifique Outre Mer & Editions de l'Union Française, 1952.

BEGUINOT, CORRADO, *Le valle del Sarno.* University of Naples, Institute of Architecture. Naples: Ed. Fausto-Florentino, 1962.

BENINCASA, E., *L'arte di habitare nel Mezzogiorno.* Rome: 1955.

BENNETT, W. C., and J. B. BIRD, *Andean culture history* (2nd ed.). Garden City, N.Y.: Doubleday and Co., 1964.

BIELINSKIS, F., et al., *Lietuvu liandes Menas* (Lithuanian folk art); includes 2 volumes on folk architecture. Vilnius: Government Publishing House, 1957-65.

BLASER, WERNER, *Classical dwellings in Japan.* Switzerland: Niggli Ltd., 1956.

BOETHIUS, AXEL, *The golden house of Nero.* Ann Arbor: University of Michigan Press, 1960.

BROCKMANN, HANS, *Bauern Haus im kreis Peine* (thesis at the Fakultät für Bauwesen). Hannover: Technische Hochschule, 1957.

BUNTING, BAINBRIDGE, *Houses of Boston's Back Bay* (An architectural history, 1840-1917). Cambridge: Belknap Press of Harvard University, 1967.

————, *Taos adobes.* Santa Fe: Museum of New Mexico Press, 1964.

BUSHNELL, G. H. S., *Peru.* New York: Frederick A. Praeger, 1963.

BUTI, G. G., *La casa degli Indeuropei.* Florence: Sansoni, 1962.

CARR RIDER, BERTHA, *Ancient Greek houses* (first published 1916). Chicago: Argonaut Inc., 1964.

CASTELLANO, M., *La valle dei Trulli.* Bari: Leonardo da Vinci, 1960.

CHAMBERLAIN, S., *Six New England villages.* New York: Hastings House, 1948.

CHEN, CHI-LU, *Houses and woodcarving of the Budai Rukai.* Reprint from the Bulletin of the Ethnological Society of China, Vol. VII, June 1958, Taipei, Taiwan, China.

COVARRUBIAS, MIGUEL, *The eagle, the jaguar and the serpent* (Indian arts of the Americas). New York: Alfred A. Knopf, Inc., 1954.

DJELEPY, PANOS, *L'architecture populaire en Grèce.* Paris: Albert Morancé, 1953.

DONAT, JOHN, ed., *World architecture 2.* London: Studio Books, 1965.

DOYON, GEORGES, and ROBERT HUBRECHT, *L'architecture rurale et bourgeoise en France.* Paris: Vincent Freal, 1945.

DRIVER, HAROLD E., *Indians of North America.* Chicago: University of Chicago Press, 1961.

DUGGAN-CRONIN, A. M., *The Bantu tribes of South Africa.* Cambridge: Deighton Bell, 1928.

DUPREY, K., *Old houses on Nantucket.* New York: Architectural Book Publishing Company, 1965.

ENGEL, HEINRICH, *The Japanese house.* Tokyo: Tuttle Co., 1964.

FLORIN, LAMBERT, *Ghost town treasures.* Seattle: Superior Publishing Co., 1965.

FONTYN, LADISLAV, *Volkbaukunst der Slowakei.* Prague: Artia, 1960.

GASPARINI, G., *La arquitectura colonial en Venezuela.* Caracas: Editiones Armitano, 1965.

GHEERBRANT, ALAIN, *Journey to the far Amazon.* New York: Simon and Schuster, 1954.

GHOSE, BENOY, *Primitive Indian architecture.* Calcutta: Firma K. L. Mukhopaday, 1953.

GIMBUTAS, J., *Das Dach des Litauischen Bauernhauses aus dem 19en. jahrhundert.* Stuttgart, 1948.

GOULD, MARY, *The early American house.* Rutland, Va.: Charles Tuttle, 1965.

GRABRIJAN, D., and J. NEIDHARDT, *Architecture of Bosnia.* Ljubljana: Državna Založba Slovenije, 1957.

GRANT, C., *The rock paintings of the Chumash* (A study of California Indian cultures). Berkeley and Los Angeles: University of California Press, 1965.

GREEN, M. M., *Ibo Village affairs.* New York: Frederick A. Praeger, 1964.

181

GRIFFEN, HELEN S., *Casas and courtyards—historic adobes of California*. Oakland, Calif.: Biobooks, 1955.

GUIART, JEAN, *Arts of the South Pacific*, trans. A. Christie. New York: Golden Press, 1963.

GUPPY, NICHOLAS, *Wai-Wai*. Harmondsworth, Middlesex: Penguin Books, 1961.

HAGEMANN, ELIZABETH, *Navaho trading days*. Albuquerque: University of New Mexico Press, 1963.

HANDY, E. S. C., and W. C. HANDY, *Samoan house building, cooking and tattooing*. Honolulu: Bishop Museum, 1924.

HART, D. V., *The Cebuan Filipino dwelling in Caticuyan*. New Haven: Yale University S.E. Asian Studies Center, 1959.

HENDERSON, A. S., *The family house in England*. London: Phoenix House, 1964.

HICKEY, GERALD C., *Village in Vietnam*. New Haven: Yale University Press, 1964.

HOOKER, MARION C., *Farmhouses and small buildings in Southern Italy*. New York: Architectural Book Publishing Co., 1925.

HOWETT, EDGAR L., *Pajarito plateau and its ancient people*. Albuquerque: University of New Mexico Press, 1953.

HUTCHINSON, R. W., *Prehistoric Crete*. Harmondsworth, Middlesex: Penguin Books, 1962.

ITOH, TEIJI, *The rural houses of Japan*. Tokyo: Bijuko-Shuppan, 1964.

KAWLI, GUTHORM, *Norwegian architecture past and present*. Oslo: Dreyers Verlag, and London: Batsford Ltd., 1958.

KEPES, G., ed., *Education of vision*. New York: George Braziller, 1965.

———, ed., *Sign, image, symbol*. New York: George Braziller, 1966.

KIDDER-SMITH, G. F., *Italy builds*. New York: Reinhold Publishing Corporation, 1955.

———, *Sweden builds* (2nd ed.). New York: Reinhold Publishing Corporation, 1957.

———, *Switzerland builds*. New York: A. Bonnier, 1950.

KOSOK, PAUL, *Life and water in ancient Peru*. New York: Long Island University Press, 1965.

KRUCKENHAUSER, S., *Heritage of beauty*. London: E. A. Watts, 1965.

KUBLER, GEORGE, *The art and architecture of Ancient America*. Harmondsworth, Middlesex: Penguin Books, 1960.

LA FARGE, OLIVER, *A pictorial history of the American Indian*. New York: Crown Publishers, 1956.

LAUBIN, R., and G. LAUBIN, *The Indian Tipi*. Norman: University of Oklahoma Press, 1957.

LÉVI-STRAUSS, CLAUDE, *Tristes tropiques*. Paris: Librairie Plon, 1955.

LEVIN, M. G., and L. P. POTAPOV, *Peoples of Siberia*. Chicago: University of Chicago Press, 1964 (this is part of the series *Narody Mira*).

LIU, TUN-CHEN, *A short history of the Chinese house*. Architectural and Engineering Publishing House, 1957. (This is an abridged translation by Mrs. Bryan and F. Skinner of a study done at Nanking.)

MCDERMOTT, J. F., ed., *The French in the Mississippi Valley*. Urbana: University of Illinois Press, 1965.

MAKOVETSKII, I. B., *Arkhitektura Russkogo narodnogo Zhilishcha* (The architecture of the Russian folk dwelling). Moscow: Soviet Academy of Science, Institute of Art History, 1962.

———, *Pamiatniki narodnogo Zodchestva srednego Povolzh'ia* (Monuments of folk architecture in the Central Volga region). Moscow: Academy of Science, 1952.

MARTIENSSEN, R. D., *The idea of space in Greek architecture*. Johannesburg: Wittwatersrand University Press, 1958.

MAUNIER, R., *La construction de la maison collective en Kabylie*. Paris: Institut d'Ethnologie, 1926.

MEGAS, GEORGE, *The Greek house*. Athens, 1951.

MEYER-HEISIG, E., *Die Deutsche Bauernstube*. Nürnberg: Verlag Karl Ulrich, 1952.

MINDELEFF, COSMOS, "A study of Pueblo architecture, Tusayan and Cibola," *Eighth Annual Report, Bureau of Ethnology*. Washington, D.C.: Smithsonian Institution, 1886-87; also studies in the same reports for 1894-95, 1897-98.

MOREHEAD, ALAN, *The blue Nile*. New York: Harper & Row, 1962.

———, *The white Nile*. New York: Harper & Row, 1961.

MORGAN, LEWIS H., *Houses and house life of the American aborigines* (1881). Republished Chicago: University of Chicago Press, 1965.

MORRISON, H. S., *Early American architecture*. New York: Oxford University Press, 1952.

MORSE, E. S., *Japanese homes and their surroundings* (first published 1886). New York: Dover Publications, Inc., 1961.

MOSSA, VICO, *Architettura domestica in Sardegna*. Cagliari: Ed. della Zattera, 1957.

MURDOCK, GEORGE P., *Africa, its people and their cultural history*. New York: McGraw-Hill Book Company, 1959.

NADER, LAURA, *Talea and Juquila* (A comparison of Zapotec cultural organization). Berkeley: University of California Publications in American Archeology and Ethnology, Vol. 48, No. 3, 1964.

NEWMAN, OSCAR, ed., *New frontiers in architecture*. New York: Universe Books, 1961.

NIGGLI, IDA, and H. MARDER, *Schweizer Bauernhäuser*. Tuefen: Verlag A. Niggli, n. d.

OLSEN, M., *Farms and fanes of ancient Norway*. Oslo: H. Aschehong Co., 1928.

OLSON, RONALD, *Adze, canoe and house types of the Northwest*. Seattle: University of Washington Publications in Anthropology, Vol. 2, 1927.

OPRESCU, GEORGE, *Peasant art in Rumania*. London: The Studio, 1929.

OVERDYKE, W. DARRELL, *Louisiana plantation homes*. New York: Architectural Book Publishing Co., 1965.

PAPAS, C., *L'Urbanisme et architecture populaire dans les Cyclades*. Paris: Editions Dunod, 1957.

PEASE, G. E., *The Cape of Good Hope 1652-1833*. Pretoria: J. L. Van Schaik, 1956.

PIRONNE, GIANNI, *Une tradition Européenne dans l'habitation* ("Aspects Européens" Council of Europe—Series A [Humanités No. 6]). Leiden: A. W. Sythoff, 1963.

PRICE, WILLARD, *The amazing Amazon*. New York: The John Day Company, 1952.

PRUSSIN, LA BELLE, *Villages in Northern Ghana*. New York: Universe Books, 1966.

RADIG, WERNER, *Frühformen der Hausentwicklung in Deutschland*. Berlin: Hanschel Verlag, 1958.

READ, KENNETH, *The high valley*. New York: Charles Scribner's Sons, 1965.

REDFIELD, ROBERT, *A village that chose progress: Chan Kom revisited*. Chicago: University of Chicago Press, 1950.

———, and A. VILLAROJAS, *Chan Kom: a Maya village*. Chicago: University of Chicago Press, 1934.

Rhodes-Livingstone Museum publications.

RUDENKO, S. I., ed., *Kazakhi* (The Kazakhs) (anthropological articles). Leningrad: Soviet Academy of Sciences, 1927.

SAMILOVITCH, B. P., *Narodna tvorchist' v arkhitekturi sil'skovo zhitla* (Folk creativity in rural dwelling architecture). Kiev: Institute of Architectural Study, 1961.

SANFORD, T. E., *The architecture of the Southwest*. New York: W. W. Norton & Company, Inc., 1950.

SEBASTIAN, LOPEZ S., *Arquitectura colonial en Popayan y Valle del Cauca*. Cali, Colombia, 1965.

Series on *Das Bürgerhaus* in different parts of Germany published by E. Wasmuth in Tübingen.

SHIBER, S. G., *The Kuwait urbanization* (no publisher or date).

SHIKIZE, K. I., *Narodnoe zodchestvo Estonii* (Folk architecture of Estonia). Leningrad, 1964.

SIMONCINI, G., *Architettura contadina de Puglia*. Genoa: Vitali and Ghianda, 1960.

SIS, V., J. SIS, and J. LISL, *Tibetan art*. London: Spring Books, 1958.

SMIALKOWSKI, RUDOLF, *Architektura i budownictwo pasterskie w Tatrach Polskich* (Architecture and construction of shepherd buildings in the Polish Tatras). Cracow: Government Scientific Publishing House, 1959.

SMITH, E. B., *Architectural Symbolism in Imperial Rome and the Middle Ages*. Princeton: Princeton University Press, 1956.

STANISLAWSKI, DAN, *The anatomy of eleven towns in Michoacan*, University of Texas Institute of Latin American Studies X. Austin: University of Texas Press, 1950.

STEINBRUECK, VICTOR, *Seattle cityscape*. Seattle: University of Washington Press, 1962.

STEPHEN, A. M., *Pueblo architecture*, Eighth annual report, Bureau of Ethnology, Smithsonian Institution. Washington, D.C., 1886-87.

STOIANOV, B. I., *Starata Rodopska arkhitektura* (The old architecture of the Rhodope, Bulgaria). Sofia, Techkniga, 1964.

STUBBS, STANLEY, *A bird's eye view of the Pueblos*. Norman: University of Oklahoma Press, 1950.

TAUT, BRUNO, *Houses and people of Japan*. Tokyo: Sanseido Co., 1958.

TAYLOR, A. C., *Patterns of English building*. London: Batsford, 1963.

THESIGER, WILFRED G., *The marsh Arabs*. New York: E. P. Dutton & Co., 1964.

TITZ, A. A., *Russkoe kamennoe zhiloe zodchestvo XVII veka* (Russian domestic stone architecture of the 17th century). Moscow: Soviet Academy of Sciences, 1966.

TRANTER, N., *The fortified house in Scotland*. London and Edinburgh: Oliver and Boyd, 1966.

TROWELL, M., *African design*. New York: Frederick A. Praeger, 1960.

———, and K. P. WACHSMAN, *Tribal crafts of Uganda*. Oxford: Oxford University Press, 1953.

UNDERHILL, R., *Indians of the Pacific Northwest*. Washington, D.C.: U.S. Department of the Interior, 1944.

VIDAL, F. S., *The oasis of Al-Hasa*. New York: Arabian-American Oil Co., 1955.

VON FÜRER-HEIMENDORF, C., *The Sherpas of Nepal*. Berkeley and Los Angeles: University of California Press, 1964.

WALTON, JAMES, *African villages*. Pretoria: J. L. Van Schaik, 1956.

———, *Homesteads and villages of South Africa*. Pretoria: J. L. Van Schaik, 1952.

WATERMAN, THOMAS T., and RUTH GRIME, *Indian houses of Puget Sound*. New York: Museum of the American Indian, 1921.

WATERMAN, THOMAS T., et al., *Native houses of Western North America*. New York: Museum of the American Indian, 1921.

WATSON, DON, *Cliff-dwellings of the Mesa Verde*. Mesa Verde National Park, Colorado, n. d.

WEISS, RICHARD, *Häuser und Landschaften der Schweiz*. Erlenbach (Switzerland): Eugen Rentsch Verlag, 1959.

WYCHERLEY, R. E., *How the Greeks built cities* (2nd ed). London: Macmillan & Co. Ltd., 1962.

ZASYPKIN, B. N., *Arkhitektura srednei Azii drevnich i srednich vekov* (Ancient and medieval architecture of Central Asia). Moscow: Soviet Academy of Architecture, 1948.

筛选出有关非本土风土房屋的研究

ABRAHAM, R. J., *Elementare architektur*. Salzburg: Residentz Verlag, n. d.

ADAMS, K. A., *Covered bridges of the West*. Berkeley, California: Howell-North Books.

BRETT, LIONEL, *Landscape in distress*. London: The Architectural Press, 1965.

GREEN, E. R. R., *The industrial archeology of County Down*. Belfast: HMSO, 1963.

HUDSON, K., *Industrial archeology—an introduction*. Philadelphia: Dufour Editions, 1964.

KUBLER, GEORGE, *The religious architecture of New Mexico*. Colorado Springs, 1940 (republished 1962 by the Rio Grande Press).

MINER, HORACE, *The primitive city of Timbuctoo*. Garden City, N.Y.: Doubleday and Co., 1965.

MIRSKY, JEANETTE, *Houses of God*. New York: Viking Press, 1965.

Old European cities (16th century pictorial maps). London: Thames and Hudson, 1965.

PIECHOTKA, M., and K. PIECHOTKA, *Wooden synagogues*. Warsaw: Arkady, 1959.

RICHARDS, J. M., *The functional tradition*. London: The Architectural Press, 1958.

SCHMITT-POST, HANS, *Altkölnisches Bilderbuch*. Köln: Greven Verlag, 1960.

SLOANE, ERIC, *American barns and covered bridges*. New York: Wilfred Funk, 1954.

期刊文献

关于本土建筑的文章

ANDERSON, EDGAR, "The city is a garden," *Landscape*, VII, No. 2 (Winter 1957-58), 3-5.

ANDERSON, PETER, "Some notes on indigenous houses of the Pacific," *Tropical Building Studies*, University of Melbourne, II, No. 1 (1963).

A. W. C., "Village Types in the Southwest," *Landscape*, II, No. 1 (Spring 1952), 14-19.

BACHELARD, GASTON, "The house protects the dreamer," *Landscape*, XIII, No. 3 (Spring 1964), 28 ff.

BAINART, JULIAN, "The ability of the unprofessional: an African resource," *Arts and Architecture* (September 1966), pp. 12-15.

BALANDIER, GEORGES, "Problèmes économiques et problèmes politiques au niveau du Village Fang," *Bulletin d'Institut d'Etudes Centrafricaines*, Nouvelle séries No. 1, Brazzaville & Paris (1950), pp. 49-64.

"Bantu houses," *Architectural Design* (June 1962), p. 270.

BAWA, G., and U. PLESNER, "Traditional Ceylonese architecture," *Architectural Review* (February 1966), pp. 143-144.

BENNETT, ALBERT L., "Ethnographical notes on the Fang," *Journal of the Anthropological Institute* (London), XXIX, No. 1 (new series, vol. II), 1889, 66-98.

BINET, J., "L'habitation dans la subdivision de Foumbot," *Etudes Camerounaises*, III, No. 31-32 (September-December 1950), 189-199.

BOAS, FRANZ, "Houses of the Kwakiutl Indians," *Proceedings of the American Museum of Natural History*, XI (1888).

BRODRICK, A. H., "Grass roots," *Architectural Review* (February 1954), pp. 101-111.

BUSHNELL, DAVID, "Ojibwa habitations and other structures," *Smithsonian Institution Annual Reports*, 1917.

"Cappadocia," *Architectural Review* (April 1964), pp. 261-263.

"Cave dwellings of Cappadocia," *Architectural Review* (October 1958), pp. 237-240.

COCKBURN, CHARLES, "Fra-Fra house," *Architectural Design* (June 1962), pp. 299 ff.

COWBURN, WILLIAM, "Popular housing," *Arena: Journal of the AA* (London), September-October 1966.

CRANE, JACOB L., "Huts and houses in the tropics," *Unasylva* (United Nations Food and Agriculture Organization), III, No. 3 (June 1949).

CRESWELL, ROBERT, "Les concepts de la maison: les peuples non-industriels," *Zodiac*, VII (1960), 182-197.

DEMANGEON, A., "L'habitation rurale en France—essai de classification," *Annales de géographie*, XXIX, No. 161 (September 1920), 351-373.

"Djerba—an island near Tunis," *Architectural Review* (November 1965), pp. 273-274.

DODGE, STANLEY D., "House types in Africa," *Papers of the Michigan Academy of Science, Arts and Letters*, X (1929), 59-67.

EDALLO, AMOS, "Ruralism," *Landscape*, III, No. 1 (Summer 1953), 17 ff.

EHRENKRANTZ, EZRA D., "A plea for technical assistance to overdeveloped countries," *Ekistics* (September 1961), pp. 167-172.

ENGEL, DAVID, "The meaning of the Japanese garden," *Landscape*, VIII, No. 1 (Autumn 1958), 11-14.

FEILBERG, C. G., "Remarks on some Nigerian house types," *Folk* (Copenhagen), I (1959), 15-26.

FERDINAND, KLAUS, "The Baluchistan barrel vaulted tent and its affinities," *Folk* (Copenhagen), I (1959), 27-50.

FERREE, BARR, "Primitive architecture—sociological factors," *The American Naturalist*, XXIII (1889), 24-32.

FISCHER, OTTO, "Landscape as symbol," *Landscape*, IV, No. 3 (Spring 1955), 24-33.

FITCH, JAMES MARSTON, and DANIEL P. BRANCH, "Primitive architecture and climate," *Scientific American*, CCVII, No. 6 (December 1960), 134-144.

FOYLE, ARTHUR M., "Houses in Benin," *Nigeria*, No. 42 (1953), 132-139.

FUSON, ROBERT H., "House types of Central Panama," *Annals of the Association of American Geographers*, LIV, No. 2 (June 1964), 190-208.

GEBHART, DAVID, "The traditional wood houses of Turkey," *AIA Journal* (March 1963), pp. 36 ff.

GERMER, J. L., "Architecture in a nomadic society," *Utah Architect*, No. 39 (Fall 1965), 21-23.

GOLDFINGER, MYRON, "The Mediterranean town," *Arts and Architecture* (February 1966), pp. 16-21.

———, "The perforated wall," *Arts and Architecture* (October 1965), pp. 14-17.

GOTTMANN, JEAN, "Locale and architecture," *Landscape*, VII, No. 1 (Autumn 1957), 17-26.

GRANDIDIER, GUILLAUME, "Madagascar," *The Geographical Review* (New York), X, No. 4 (October 1920), 197-222.

GULICK, JOHN, "Images of the Arab city," *Journal of the AIP* (August 1963), pp. 179-197.

HICKS, JOHN T., "The architecture of the high Atlas Mountains," *Arena: Journal of the AA* (London), September-October 1966, pp. 85 ff.

HOPE, JOHN, "Living on a shelf" (a house at Lindos, Rhodes), *Architectural Review* (July 1965), pp. 65-68.

HORGAN, PAUL, "Place, form and prayer," *Landscape*, III, No. 2 (Winter 1953-54), 7-11.

HUBER, BENEDIKT, "Stromboli-architektur einer insel," *Werk*, XLV, No. 12 (December 1958), 428 ff.

ISAAC, ERICH, "The act and the covenant: the impact of religion on the environment," *Landscape*, XI, No. 2 (Winter 1961-62), 12-17.

———, "Myths, cults and livestock breeding," *Diogenes*, No. 41 (Spring 1963), 70-93.

———, "Religion, landscape and space," *Landscape*, IX, No. 2 (Winter 1959-60), 14-17.

JACK, W. MURRAY, "Old houses of Lagos," *Nigeria*, No. 46 (1955), 96-117.

JACKSON, J. B., "Chihuahua—as we might have been," *Landscape*, I, No. 1 (Spring 1951), 14-16.

———, "Essential architecture," *Landscape*, X, No. 3 (Spring 1961), 27-30.

———, "First comes the house," *Landscape*, II, No. 2 (Winter 1959-60), 26-35.

———, "The other directed house," *Landscape*, VI, No. 2 (Winter 1956-57), 29-35.

———, "Pueblo architecture and our own," *Landscape*, III, No. 2 (Winter 1953-54), 11 ff.

———, "The Westward moving house," *Landscape*, II, No. 3 (Spring 1953), 8-21.

LANNING, E. P., "Early man in Peru," *Scientific American*, CCXIII, No. 4 (October 1965), 68 ff.

"Ma'Aloula" (Syria), *Architectural Review* (October 1965), pp. 301-302.

MEYERSON, MARTIN, "National character and urban form," *Public Policy* (Harvard), XII (1963), 78-96.

MINER, HORACE, "Body ritual among the Nacirema," *American Anthropologist*, LVIII (1956), 503-507.

MOUGHTIN, J. C., "The traditional settlements of the Hausa people," *Town Planning Review* (April 1964), pp. 21-34.

PERRY, BRIAN, "Nigeria—design for resettlement," *Interbuild* (London) (January 1964), pp. 18-23.

PICKENS, BUFORD L., "Regional aspects of early Louisiana architecture," *Journal of the Society of Architectural Historians*, VII, No. 1-2 (January-June 1948), 33-36.

PIGGOTT, STUART, "Farmsteads in Central India," *Antiquity*, XIX, No. 75 (September 1945), 154-156.

POSENER, J., "House traditions in Malaya," *Architectural Review* (October 1961), pp. 280-283.

PRUSSIN, LA BELLE, "Indigenous architecture in Ghana," *Arts and Architecture* (December 1965), pp. 21-25.

PUSKAR, I., and I. THURZO, "Peasant architecture of Slovakia," *Architectural Review* (February 1967), pp. 151-153.

RAPOPORT, AMOS, "The architecture of Isphahan," *Landscape*, XIV, No. 2 (Winter 1964-65), 4-11.

———, "Yagua, or the Amazon dwelling," *Landscape*, XVI, No. 3 (Spring 1967), 27-30.

RUDOFSKY, BERNARD, "Troglodytes," *Horizon*, IX, No. 2 (1967).

SAINI, B. S., "An architect looks at New Guinea," *Architecture in Australia* (Journal of the RAIA), LIV, No. 1 (March 1965), 82-107.

SANDA, J., and M. WEATHERALL, "Czech village architecture," *Architectural Review*, CIX, No. 652 (April 1951), 255-261.

SANTIAGO, MICHEL, "Beyond the Atlas," *Architectural Review* (December 1953), pp. 272 ff.

"Santorini," *Architectural Review* (December 1958), pp. 389-391.

SKOLLE, J., "Adobe in Africa," *Landscape*, XII, No. 2 (Winter 1962-63), 15-17.

SOPHER, DAVID, "Landscapes and seasons: man and nature in India," *Landscape*, XIII, No. 3 (Spring 1964), 14-19.

SPENCE, B., and B. BIERMAN, "M'Pogga," *Architectural Review*, CXIV, No. 691 (July 1954), 35-40.

SPENCER, WILLIAM, "The Turkish village," *Landscape*, VII, No. 3 (Spring 1958), 23-26.

STEWART, N. R., "The mark of the pioneer," *Landscape*, XV, No. 1 (Autumn 1965), 26 ff.

THESIGER, WILFRED G., "Marsh Arabs," *Geographical Journal* (England), CXX (1954), 272-281.

————, "The marsh Arabs of Iraq," *The Geographical Magazine* (London), XXVII, No. 3 (July 1954), 138-144.

————, and G. O. Maxwell, "Marsh dwellers of Southern Iraq," *National Geographic Magazine*, CXIII, No. 2 (February 1958), 205-239.

THOMAS, ELIZABETH M., "The herdsmen," *The New Yorker* (May 1965), a series of four articles about the Dodoth.

"The troglodyte village of Gaudix, Spain," *Architectural Review* (March 1966), pp. 233 ff.

"Trulli," *Architectural Review* (December 1960), pp. 421-423.

TURNBULL, C. M., "The lesson of the Pygmies," *Scientific American*, CCVIII, No. 1 (January 1963), 28 ff.

VAN EYCK, ALDO, "Steps towards a configurative discipline," *Forum* (Holland), No. 3 (1962), 83 ff (this deals with the Pueblos).

VILLEMINT, ALAIN, "The Japanese house and its setting," *Landscape*, VIII, No. 1 (Autumn 1958), 15-20.

VON GRUENEBAUM, G. E., "The Muslim town," *Landscape*, I, No. 3 (Spring 1958), 1-4.

WATERMAN, THOMAS T., "Houses of the Alaskan Eskimo," *American Anthropologist*, XXVIII (1924), 289-292.

WATTS, MAY THEILGARD, "The trees and roofs of France," *Landscape*, X, No. 3 (Spring 1961), 9-14.

WEST, H. G., "The house is a compass," *Landscape*, I, No. 2 (Autumn 1951), 24-27.

WHEATLEY, PAUL, "What the greatness of a city is said to be" (review of Sjoberg's *The preindustrial city*), *Pacific Viewpoint*, IV, No. 2 (September 1963), 163-188.

WILLIAMS, DAVID, "Tukche—a Himalayan trading town," *Architectural Review* (April 1965), pp. 299-302.

WILMSEN, E. N., "The house of the Navaho," *Landscape*, X, No. 1 (Autumn 1960), 15-19.

WURSTER, WILLIAM W., "Indian vernacular architecture—Wai and Cochin," *Perspecta* (Yale Architectural Journal), No. 5 (1959), 37-48.

————, "Row house vernacular and high style monument," *Architectural Record* (August 1958), pp. 141 ff.

部分关于非本土风土的文章

"City mills, Perth, Scotland," *Architectural Review* (March 1966), p. 171.

"Greek mills in Iran," *Architectural Review* (April 1965), p. 311.

"Greek mills in Shetland," *Architectural Review* (July 1963), pp. 62-64.

MOUGHTIN, J. C., and W. H. LEARY, "Hausa mud mosques," *Architectural Review* (February 1965), pp. 155-158.

"Persian pigeon towers," *Architectural Review* (December 1962), p. 443.

RAPOPORT, AMOS, "A note on shopping lanes," *Landscape*, XIV, No. 3 (Spring 1965), 28.

————, "Sacred space in primitive and vernacular architecture," *Liturgical Arts*, XXXVI, No. 2 (February 1968), pp. 36-40.

————, and H. SANOFF, "Our unpretentious past," *AIA Journal* (November 1965), pp. 37-40.

外文人名译名对照表

Chinese Translations of Foreign Names

Abrams, Charles 查尔斯·阿布拉姆斯（1901—1970），美国作家

Benedict, Ruth 鲁斯·本尼迪克（1887—1948），美国文化人类学家

Blixen, Karen 凯伦·白烈森（1885—1962），丹麦作家，笔名"伊萨克·迪内森（Isak Dinsen）"

Brunhes, Jean 让·白吕纳（1869—1930），法国地理学家，维达尔·白兰士的学生

Bubber, Martin 马丁·布柏（1878—1965），奥地利—以色列犹太裔神学家、哲学家

Calhoun, John Bumpass 约翰·邦帕斯·卡尔霍恩（1917—1995），美国动物行为学家

Čapek, Karel 卡雷尔·恰佩克（1890—1938），捷克作家

Childe, Vere Gordon 维尔·戈登·柴尔德（1892—1957），澳裔英籍考古学家

Chombart de Lauwe, Paul-Henry 保罗－亨利·雄巴尔·德·劳韦（1913—1998），法国社会学家

Christian, John J. 约翰·J.克里斯蒂安，美国动物行为学家

Cortese, Ross W. 罗斯·W.科特斯（1916—1991），美国房地产开发商

Cranach, Lucas 卢卡斯·克拉纳赫（1472—1553）德国文艺复兴时期画家

Cresswell, Robert 罗伯特·克雷斯韦尔

Deffontaines, Jean-Pierre 让－皮埃尔·德方丹（1933—2006），法国地理学家

Demangeon, Albert 阿尔伯特·德芒戎（1872—1940），法国人文地理学家，维达尔·白兰士的学生

Eliade，Mircea 米尔恰·伊利亚德（1907—1986），罗马尼亚宗教历史学家

Epstein，Hila 希拉·爱泼斯坦，以色列希伯来大学教授

Evans-Pritchard，Edward Evan 爱德华·伊万·埃文斯－普里查德（1902—1973），英国人类学家

Febvre，Lucien 吕西安·费弗尔（1878—1956），法国历史学家，年鉴学派创始人

Fischer，John 约翰·费舍尔（1910—1978），美国作家

Fried，Marc 马克·弗雷德

Giedion，Siegfried 西格弗里德·基迪恩（1888—1968），瑞士建筑史学家

Goffman，Erving 埃尔文·戈夫曼（1922—1982），美国著名社会学家

Grillo，Paul Jacques 保罗·雅克·格里洛（1908—1990），法国建筑师

Haan，Herman 赫尔曼·哈恩（1914—1996），荷兰建筑师

Hall，Edward Twitchell 爱德华·特维切尔·霍尔（1914—2009），美国人类学家

Issawi，Charles 查尔斯·伊萨维（1916—2000），美国经济学家，哥伦比亚大学教授

Jackson，John Brinckerhoff 约翰·布林克霍夫·杰克逊（1909—1996），美国文化地理学家

Janeba，Fritz 弗里茨·简尼拔（1905—1983），奥地利建筑师

Jung，Carl Gustav 卡尔·古斯塔夫·荣格（1875—1961），瑞士心理学家

Krathen，Alan 阿兰·克拉森

Lévi-Strauss，Claude 克劳德·列维－斯特劳斯（1908—2009），法国社会人类学家

Long，Edward 爱德华·朗

Loos，Adolf 阿道夫·卢斯（1870—1933），奥地利建筑师

Lorenz，Konrad 康拉德·洛伦茨（1903—1989），奥地利动物行为学家

MacDonald，Dwight 德怀特·麦克唐纳德（1906—1982），美国作家

Mâle，Emile 埃米尔·马勒（1862—1954），法国美术史家

Manet，Édouard 爱德华·马奈（1832—1883），法国画家

Maslow，Abraham 亚伯拉罕·马斯洛夫（1908—1970），美国心理学家

McCabe，Charles 查尔斯·麦凯比（1915—1983），美国专栏作家

Meier，Richard 理查德·迈耶（1934—），美国建筑师

Morgan，Lewis Henry 路易斯·亨利·摩尔根（1818—1881），美国人类学家

Müller-Brockmann，Josef 约瑟夫·穆勒-布洛克曼（1914—1996），瑞士设计家

Mumford，Lewis 刘易斯·芒福德（1895—1990），美国城市历史学家

Osmond，Humphrey 汉弗莱·奥斯蒙（1917—2004），英国精神病学家

Otto，Frei 弗雷·奥托（1925—），德国建筑师

Polanyi，Karl 卡尔·波兰尼（1886—1964），匈牙利政治经济学家

Potter，J.M. J.M. 波特，加州大学伯克利分校人类学博士

Redfield，Robert 罗伯特·雷德费尔德（1897—1958），美国人类学家

Rubens，Peter Paul 彼得·保罗·鲁本斯（1577—1640），弗兰德斯画家

Somerset，Fitzroy Richard 菲茨罗伊·理查德·萨默塞特（1885—1964，4th Baron Raglan），第四代拉格兰男爵，英国人类学家

Sommer，Robert 罗伯特·索莫（1929—），美国心理学家

Sorre，Maximilien 马克斯·索尔（常简称为 Max Sorre，1880—1962），法国地理学家

Stanislawski，Dan 丹·斯坦尼斯洛斯基（1903—1997），美国历史地理学家

Taut，Bruno 布鲁诺·陶特（1880—1938），德国建筑师

Tigerman，Stanley 斯坦利·泰格曼（1930—2019），美国建筑师

Vidal de la Blache，Paul 维达尔·白兰士（1845—1918），法国近代地理学创始人

Wagner，Philip Laurence. 菲利普·劳伦斯·瓦格纳（1921—2014），美国文化地理学家

White，Elwyn Brooks 埃尔文·布鲁克斯·怀特（1899—1985），美国作家

Wittkower，Rudolf 鲁道夫·威特考尔（1901—1971），英国美术史家

译后记

　　大约从 10 年前开始，乡村建设逐渐成为热潮。建筑师、城市规划师、社会学家、艺术家纷纷投身乡村建设。长期处于主流研究视野外的乡村建设迎来了春天。乡村既是建筑师频频大显身手的舞台，也是学者们科研动力的新源泉。在这一时代背景下，再版阿莫斯·拉普卜特的名著《住宅形式与文化》有着重要的现实意义。这部聚焦于风土建筑的著述有助于我们理解乡村建造活动的现实。

　　在《住宅形式与文化》中，拉普卜特将视角转向"在建筑理论与建筑历史中已湮没无闻"的建造活动。这些"无论是过去还是现在都不受设计师控制"的物质环境在总量上属于人类建造活动的绝大多数。它们属于民间传统，与真正有活力的生活关系更为密切，只是在"传统"的建筑学语境下被严重忽视。书中，这类建造活动和建成环境被归纳为风土房屋。

　　拉普卜特的风土研究极具探索性。但他的工作并非孤例。从 20 世纪 60 年代到 70 年代（甚至更早），一股新的文化认知与文化转向在西方已有萌芽。这场风土思潮挑战了现代主义的权威，质疑其普世主义与科学主义的内核。其中，最具影响力的事件是 1964 年 11 月奥地利裔美国建筑师伯纳德·鲁道夫斯基（Bernard Rudofsky）策划的"没有建筑师的建筑"展览。它以大量丰富翔实的图片素材向西方世界呈现了一个完全迥异的人居环境，一个平行于现代主义实践的风土世界。同样，景观学大师约翰·布林克霍夫·杰克逊（John Brinckerhoff Jackson）对战后美国高速公路商业带、乡村住宅、小镇景观的关注也是开风气之先的探索。从 20 世纪 50 年代开始，杰克逊撰写了大量关于美式现代风土的文章，他几乎是以个人之力去除了人们对现代风土的成见。受其启发，文丘里夫妇（Robert Venturi and Denise Scott Brown）和史蒂文·艾泽努尔（Steven Izenour）1972 年出版的《向拉斯维加斯学习》延续了杰克逊的思路，他们试图在这本宣言式的小册子里为美式商业风土和日常景观正名。

与这些研究相比，拉普卜特对风土研究的贡献在于其完整且深刻的理论体系。《住宅形式与文化》是一个跨领域的研究，它以建筑学为枢纽，同时连接了景观学、人类学、民族志、社会学、文化地理学等相关学科内容，展现出作者丰富的知识积累与广博的阅历。

书中，拉普卜特表达的一个重要观点是，风土建筑与现代建筑间的鸿沟是社会"分化"（differentiation）不断加剧的结果。如果说，房屋形式和建造缺乏分化是原始社会和农业社会的典型现象，那么不断加剧的社会分工是现代社会的典型特征。这种分化造成房屋和聚落的设计、建造逐渐从"所有人均可参与"的工作转变为"工匠建造"，最终转化成"专业人士团队设计并建造"的工作。本书一再论及的"高雅"与"风土"的对立紧张状态即源于此。当设计变成独立范畴，成为只有专业建筑师才能操作的工作后，它与日常生活关系也在脱节，普通人丧失了空间营造权，无缘置喙自己的生活方式。与之相应，现代设计过于热衷追逐创新和变化，却忽视了人的存在处境。现代生活被精确化、抽象化、分化，现代住宅空间应有的存在意义被消解殆尽。

本书的另一中心思想是风土住宅形式是文化影响的结果。拉普卜特批驳了气候、场地、经济、防卫、宗教等单一"因果决定论"对住宅形式的影响。虽没有明言，拉普卜特所说的文化概念是这些单一因素的多方综合。影响房屋形式的文化因素包含了人（man）和自然（nature）两方面的内容。因此文化既包含了人对气候、场地、材料、结构规则等自然因素的适应；也指特定经济和自然环境条件下的社会形态，人的天性、社会组织、世界观、生活方式、精神需求等。它们最后凝结在"类型"（type）或"模式"（model）中，对建造活动产生影响。"模式本身是很多人历经很多代合作的结果，也是房屋及其他人造物（artifact）的制造者和使用者合作的结果"，模式就是大家共享的传统。风土环境的设计过程实际是模式调整或变异的过程。

　　必须指出的是，《住宅形式与文化》虽然切合乡村建设的议题，但其意义并不局限于此。本书更为深远的用意或许是探讨更广义层面的风土演变原理。如果仅仅局限在乡村的范畴，可能窄化了本书主旨。实际上，拉普卜特本人亦未将"vernacular"限定在乡村、原始的范畴。在最后一章"当今现状"的讨论中，他试图将讨论引向"现代风土"领域。他追问大众文化影响下的街边住宅和一般房子能否成为风土讨论对象，比如罗斯摩尔项目这类代表美国早期门禁社区的案例。基于这些考虑，本书并未将"vernacular"译作"乡土"。

　　这里有必要简单交代一下译文对原著几个重要概念的处理。

　　第一，"vernacular"与"high-style"。

　　"vernacular"是全书的基础概念。如前所述，许多中文译著涉及"vernacular"时，常将其译为"乡土"。这一翻译窄化了"vernacular"的内涵。虽然"vernacular"现象在乡村更为普遍，但现代"vernacular"的含义已不完全局限于乡村的范畴。将"vernacular"理解为"乡土"的深层原因或可以追溯至18世纪晚期以来的西学传统。与民俗学、民族志、人类学等研究一样，新兴的风土研究将研究对象固化在两种文化"异象"上：风土研究者要么称颂欧美过去的地域、民族、民俗的特质，赞美其田园牧歌式的自然和谐状态，要么记录西方控制下的异域（exotic）景观和文化，为西方海外殖民的合法性提供辩护。可以说，中文世界把"vernacular"译为"乡土"所对应的也正是这种认知框架。与"乡土"相比，汉语中的另一表达——"风土"更接近于英文"vernacular"的含义。风土语出《春秋外传》，指某一地方特有的自然环境和风俗、习惯的总称。相比于"乡土"，"风土"意涵更为完整。故此，本文将之译成"风土"。

　　此外，"vernacular"与"high-style"的二元对立关系是理解全书主题的一把钥匙，"high-style"的翻译颇为关键。《英汉大词典》中"high-style"词条的释义为："常指为少数人采用的最新式样（或设计）"。有学者将"high-style"译作"风雅"；也有译者译为"高尚"，这种用法常流行于南方的广东和港台地区。本书译者采取折中的译法，将"high-style"译为"高雅"，同时结合了"high"的"高级、高等"的含义和"style"的"雅致"含义。

第二，"building"与"architecture"。

"building"和"architecture"意思接近，如果不仔细辨析，两者可以混用。但实际上，拉普卜特在书中很少将"vernacular"与"architecture"连用。本次翻译刻意强化了"building"和"architecture"的中译区别。在全文语境下，"building"指那些"普通民众"建造和使用的、不在"宏大设计传统中的"、不属于"高雅"文化的建造物，本书译为"房屋"。而"architecture"则相反，本书译作"建筑"。

如果细察，"building"和"architecture"词义的差异也正是分化和专业化造就的结果。"风土"和"高雅"的对立与建筑师身份以及现代建筑空间概念的形成密切相关。从文艺复兴时期开始，三大投影几何学——透视法、正交投影法、直角坐标系——被陆续发明并广泛应用于建筑工程中。建筑学得以摆脱依赖经验和传统习俗的工作模式，成为独立工作范畴。这些工具在建造与设计、建造与数学、设计与感知间架设起桥梁。空间可被精准描绘，现实也随之抽象和过滤，得以形成现代建筑空间概念。如果依据肯尼斯·弗兰姆普敦（Kenneth Frampton）的研究，"architecture"还与"edifice"词义关系密切，弗兰姆普敦视建筑是有教化作用的再现。相对而言，风土房屋则远离这样的功能，"民间传统直接而且无自我意识地把文化、其需求和价值、乃至人们的欲望、梦想和激情转化为物质形态"。

拉普卜特著述丰富。除了《住宅形式与文化》，国内还翻译出版了他的《建成环境的意义——非言语的交流途径》《文化特性与建筑设计》。拉普卜特行文艰涩，这给翻译带来了很大挑战。尽管如此，本次译本希望尽可能地忠实于原著语言，因此译文多采用直译的方式。出于最大限度地呈现拉普卜特工作和原著面貌的考虑，本书还收录了原著的参考文献、注释、总序言和前言。感兴趣的读者可以按图索骥，追寻拉普卜特的思想源流。基于同样的考虑，本书对于原著注释和参考文献的文献名称、出版信息、人名等未做过多处理。为便于读者理解拉普卜特的思想，本书针对一些关键信息还增加了译者注。

当今中西方信息传播的速度愈来愈频密。国人对西方文化和研究早已无改革开放初期那般如饥似渴。人们变得更理性，品位更加挑剔，对质量要求更高。这当然是好事情，但对译者的要求也提高了许多。在本书的翻译过程中，译者和编辑一起反复校对、调整语言，查找确认专有名词的译名。大的校对经历三轮，小的调整则无数。幸得有天津大学出版社刘大馨老师这样执著的编辑工作者，多年来秉持以品质为先，出版了多部建筑专业精品图书。正是因为刘老师的执著和坚持，才促成了本书有机会再版，以飨读者。尽管如此，由于译者水平有限，译文的不妥和错漏仍有可能，希望读者能够一一指正，以期不断改进。

杨舢 于上海